JN270481

数学の風景が見える

数と計算の意味がわかる

The Notion of the Number and the Meaning of Calculation

野崎昭弘
何森仁・伊藤潤一・小沢健一
Akihiro NOZAKI
Hitoshi IZUMORI
Jun'ichi ITO
Ken'ichi OZAWA

ベレ出版

序文

数学の「根っこ」がわかると……

　本書は「数学の風景が見える」シリーズの第2弾である。

　今回は「数と計算」という初等的な段階に焦点を合わせてみたが、ここは「数学の根っこ」と言ってもよい部分で、一般性・抽象性・規範性など、数学の基本的な性格がはっきり現れている。数学が苦手だと思っておられる方でも、ここをしっかり復習しておけば、

数学は、わかってしまえばやさしい

ことを実感していただけるのではないか、と思う。

　ところで「数学はむずかしい」とは、よく聞く言葉である。それには、たとえば次のような理由が挙げられる。

　(1) ピンとこない、わかった気がしない！

　(2) どうしてそんなことをしなくちゃいけないの？

　(1) は数学の抽象性・一般性にかかわる問題で、これは

身近な具体例に結びつけて考える

ようにすれば、しだいに乗り越えられる。そこでつまずいた人は、

先生（か読んだ本）が悪かった

と思ってもよいくらいである。しかし先生も大変なのは、(2) の問題である。たとえばヨーロッパでは

1かける1が1（1の1倍が1）

で苦労する子が多い、という。そんな「あたりまえ」

のことをどうして……と思われるかもしれないが、苦労のタネは「なぜ答えが1なのか」**ではない**。2かける3ならともかく「1かける1」など、どうして考えなければならないのだろうか？

　たしかに他の事柄と切り離して「1かける1」だけを考える必要はまずない。だから「そこに疑問を感じた子はエラい！」と思う。しかしそこで悩んでも「前進する」とよいので、「立ち止まって、先に進めなくなる」のはソンである。日本では子どもたちに「インイチガイチ」という規則を暗記させるが、あとで116×3.14などの計算の途中で、実際にこの規則を使うときが来れば、誰も「なんで？」とは言わなくなる。これも（おそらく皆さんのように）「わかってしまえば、あたりまえ」の好例であろう。

　このような「躓きの石」は、他にもたくさんあるが、本書ではそれらのいくつかを取り上げて、なるべくていねいに議論をしてみたつもりである。

　前書同様、本文は何森・伊藤・小澤が分担執筆し、各章の「前置き」と章末のコラムを野崎が担当した。本書によって、数学嫌いの方には自信を回復していただき、数学好きの方々には認識をさらに深めていただくことを、著者一同、心から願っている。

2001年1月23日

何森仁、伊藤潤一、小澤健一、野崎昭弘

目次 数と計算の意味がわかる
CONTENTS

第1章 数と計算の基本

1. ゾウもアリも"ひとつ" ── 14
2. ゾウとアリをいっしょに数えてよいか ── 16
3. 1と1はたせるか？ ── 18
4. 1たす1が1？ ── 20
5. 上手な数え方教えて！ ── 22
6. どこまで大きい数があるの？ ── 24
7. 10進位取り記数法、n進法 ── 26
8. たし算とひき算 ── 28
9. かけ算とわり算 ── 30
10. 0とはなにか ── 32
11. $\frac{0}{0}=1$じゃないの？ ── 34
12. マイナスとはなにか ── 36
13. 絶対値とは ── 38
14. デカルトのかけ算 ── 40
15. マイナスかけるマイナスはなぜプラス？ ── 42
16. 分数と小数 ── 44
17. 半端を表す ── 46
18. 比率を表す ── 48

⑲ かけて小さくなる、わって大きくなる ——— 50

⑳ $\frac{1}{2} + \frac{1}{3} = \frac{2}{5}$ はどうしていけないの？ ——— 52

㉑ 分数のわり算：
　　どうして「ひっくり返してかける」の？ ——— 54

㉒ 無限との出会い：0.3333…… ——— 56

㉓ 分数を小数に直す ——— 58

㉔ 0.9999……＝1？！ ——— 60

㉕ 無理数はふらふらする数？ ——— 62

第2章 数と計算の威力

① 予測と確率 ——— 68

② 比率の推定 ——— 70

③ 複利計算 ——— 72

④ 指数計算 ——— 74

⑤ 指数と対数 ——— 76

⑥ 計算尺 ——— 78

⑦ わからないものに名前をつける ——— 80

⑧ 方程式、連立1次方程式 ——— 82

⑨ 座標の考え：関数を眼で見る ——— 84

⑩ 2次方程式と解の公式 ——— 86

⑪ 3次、4次の方程式の解の公式 ——— 88

⑫ 5次以上の代数方程式の解の公式はない！——— 90

⑬ 方程式の数値解法 ——— 92

⑭ 平方根の計算法 ——— 94

⑮ 立方根の計算法 ——— 96

⑯ ベクトルとその応用 ——— 98

第3章 数と計算のおもしろさ

① 数の行進曲 ——— 104

② 上手な計算法？ ——— 106

③ ガウスのわり算 ——— 108

④ 三角数・四角数・五角数… ——— 110

⑤ 平方数 ——— 112

⑥ パスカルの三角形 ——— 114

⑦ 素数 ——— 116

⑧ 素数の散らばり ——— 118

⑨ 互除法 —— 120

⑩ ピタゴラス数 —— 122

⑪ 黄金比 —— 124

⑫ フィボナッチ数 —— 126

⑬ カタラン数 —— 128

⑭ 円周率 π —— 130

⑮ 万有率 e —— 132

⑯ 虚数 —— 134

⑰ 複素数 —— 136

⑱ 複素平面 —— 138

⑲ ガウスの素数 —— 140

⑳ オイラーの公式 —— 142

第4章 数と計算の体系

① 数の代数的性質 —— 148

② 反数と逆数 —— 150

③ 背理法 —— 152

④ 数学的帰納法 —— 154

5 数学的帰納法をめぐる誤解 ——— 156

6 まちがっているかもしれない証明 ——— 158

7 ペアノの公理系 ——— 160

8 拡張と同一視 ——— 162

9 実数の連続性 ——— 164

10 演算の連続性 ——— 166

11 無限を数える ——— 168

12 対角線論法 ——— 170

13 4元数 ——— 172

14 p 進数 ——— 174

第1章
数と計算の基本

1. ゾウもアリも"ひとつ"
2. ゾウとアリをいっしょに数えてよいか
3. 1と1はたせるか？
4. 1たす1が1？
5. 上手な数え方教えて！
6. どこまで大きい数があるの？
7. 10進位取り記数法、n進法
8. たし算とひき算
9. かけ算とわり算
10. 0とはなにか
11. $\frac{0}{0}=1$じゃないの？
12. マイナスとはなにか
13. 絶対値とは
14. デカルトのかけ算
15. マイナスかけるマイナスはなぜプラス？
16. 分数と小数
17. 半端を表す
18. 比率を表す
19. かけて小さくなる、わって大きくなる
20. $\frac{1}{2}+\frac{1}{3}=\frac{2}{5}$はどうしていけないの？
21. 分数のわり算：どうして「ひっくり返してかける」の？
22. 無限との出会い：0.3333……
23. 分数を小数に直す
24. 0.9999……＝1？！
25. 無理数はふらふらする数？

「数」の概念は、きわめて抽象的なので、原始時代の人々にはひじょうにわかりにくいものであったと言われている。彼らは、ひとつがいの鳩とか一対の矢ならわかるけれど、それらに共通する2という数が、2人でも2日でも表せる——という一般性・抽象性が「まるでわからなかった」のだそうである。しかし現代では、たいていの人が何の抵抗もなく、上手に使いこなしている。特に「円」という単位のついた数に対しては、数学者よりすぐれた直感をお持ちの方が少なくない。

　大事なのは「慣れ」である。1＋1＝2から始めて、
　　　5＋7＝12, 2×3＝6, 24÷2＝12
などなど、形式的・抽象的な計算練習をやっている間に「鳩だろうと帽子だろうと、こちらに5個ありあちらに7個あれば、全部あわせていつでも12個だ」ということ、つまり

**　　　それが何を表すかは、いちいち考えなくてよい**

という「形式性」の利便さが、無意識のうちに身についてしまう。

　しかしこの「形式性」には、落とし穴がある。それは、無意味な計算をしても、答え（らしきもの）の数字が出てしまう、ということである。たとえば「1回に2千円ずつ、3回受け取った」のなら
　　　2＋2＋2＝2×3＝6（千円）
は意味のある正しい計算であるが、
　　　2（万円）×3（万円）＝6（？？）
では意味のつけようがない。架空の例であるが
　　　5時間に7キログラムを加える
とか

24リットルのアルコールを2ccの水でわる

などの答え12も、「まったく無意味」と言ってよい。

　いずれにしても、計算だけなら電卓やコンピューターでもやってくれる。それに「どういう意味があるか」は、人間が責任をもたないといけない。そこで小学校の先生方は、子どもたちに「形式的な訓練」をする一方で、「意味を忘れないように」という教育もしなければならない——これはなかなかたいへんな仕事である！

　この章では、子どもたちが抱くいろいろな疑問を軸にして、数学の基本である「数」と「計算」の概念を、「意味」を考えながらおさらいしている。皆さんご存じのことであるから、計算練習などはいっさい省いてしまった。また「応用」による分類、たとえば

　　①12を3つに等分する（等分除）

　　②12の中には3がいくつあるか（包含除）

のような分類への深入りは避けた——このような分類はほかにもいろいろあるけれど、すでに一度習っておられる大人の方々には

　　わり算はかけ算の逆演算（あとでくり返し説明します！）

という理解のしかたのほうが、本質をとらえていてよい、と思うからである。

　ではまず「ゾウもアリも"ひとつ"」から始めよう。「無限」が出てくるとむずかしくなるが、先を読めばわかることもあるので、どうか気楽に、「立ち止まらずに前進」していただきたい。

01 ゾウもアリも"ひとつ"

「羊が1匹、羊が2匹、羊が3匹、羊が4匹、………」
　どうも寝つかれない。
「ゾウが1頭、ゾウが2頭、ゾウが3頭、ゾウが4頭、………」
　うーん、大きすぎる。
「アリが1匹、アリが2匹、アリが3匹、アリが4匹、………」
　スヤ、スヤ。

　　　　ゾウも"ひとつ"　　　　　　アリも"ひとつ"

　数というのも考えてみるとおもしろい。
　なんでも数えられるところがすごい。大きくても「ひとつ」、小さくても「ひとつ」、あれも1、これも1。
　数学は世界の共通語であると言われるが、その大もとに、数のもつ普遍性があるに違いない。

第1章　数と計算の基本

　ある小学校の1年生に、先生が、
「みなさん、いろいろなものを数えましょう」
と言って、黒板に

　　　┌─────────┐
　　　│　　　　　│　がひとつ
　　　└─────────┘

と書いた。
　子どもたちは、えんぴつ、つくえ、せんせい、こうてい、やま等と目につくものを次々にあげたそうだが、一人の子どもが教室の水そうを見て

　　　┌─────────┐
　　　│　　水　　│　がひとつ
　　　└─────────┘

という答えを出した。
　その先生は賢明で、
「そうですね、水そうの水がひとつですね」
とその場はおさめたそうだ。
　水のようにつながっていてまとまりのないものは数えられない。しかし、コップにひとつ、というように分割すれば数えられる。一般にはこの操作は「測る」と言うのだが、測ることも実は分割して「数える」ことに他ならない。

　かと言って、「愛情」「倫理」「大切さ」「美しさ」等々までは数えられないだろう。
　ふだん慣れ親しんでいる数のもついろいろな性格、たとえば普遍性、抽象性、規範性（限界）を考えてみるのがこれからの本書の仕事。

02 ゾウとアリをいっしょに数えてよいか

　ゾウ2頭とアリ3匹を合わせて数えてみよう。多分、エッ！そんなことができるのかと思うだろう。

　このことを助数詞つきの式で表すと、次のようになる。

　　2（頭）＋3（匹）＝？

　　2＋3＝5であるので、結果は5（　）

となるはずだが、このカッコの中に入れる適当な助数詞が思いつかない。確かにゾウとアリをまとめて数えたりする場面は、普段はまったくないので「ゾウとアリをいっしょに数えることの意味がわからない」と思う人がいても不思議ではない。

　しかし、「数えようと思えば、数えられる」のがおもしろいところで、一見すると無意味なことにも使えるのが、数の便利さのひとつの現れである。意味については「数える人が責任をもたないといけない」とも言える。

　「一寸の虫にも五分の魂がある」という諺がある。巨大なゾウもちっぽけなアリも魂すなわち命をもった個体であることはまちがいない。

　この魂の数、すなわち個体の数を数えていると考えれば、ゾウとアリをいっしょに数えることの意味がつく。つまり、次のように考える。

2（頭）＋3（匹）→2（個）＋3（個）＝5（個）

　この屁理屈のような見方が実際上の意味をもつこともある。たとえば「この動物園には100種類の動物がいます」と言うときは、巨大なゾウも長いヘビも小鳥もすべて「一種」と数えている。この「動物の種類の数」は「動物園の規模」を表すひとつの指標になっている。

　ところで、普段、何げなくおこなっている数えるという行為は実は「1：1対応」という数学的方法を基礎にしている。図のようにすべてのウサギ1匹に対してニンジン1本が対応しているとき、ウサギとニンジンは1：1に対応していると言う。そして、1：1に対応しているとき、2つのものは「同数」であると言う。

　「数える」とは、数える相手と数詞の系列1, 2, 3, 4,……との間に1：1の対応をつけることだと言うこともできる。

　大事なことは、「すべてのものをもれなく数える」ことと「同じものをダブらないように数える」こと。

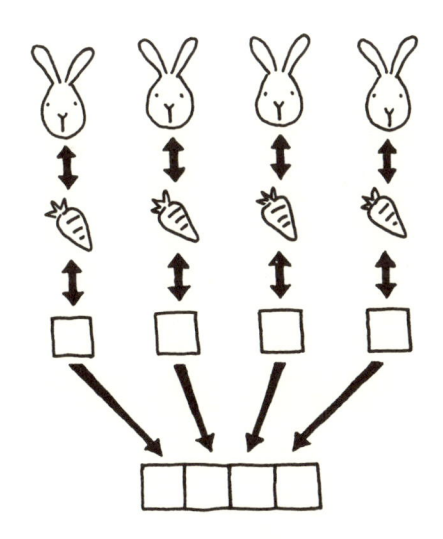

　落語の「時そば」で、ずるい客が「1, 2, 3,……, 8, 今何時だ？」「ハイ、9つで」「10, 11, 12,……, 16」として勘定をごまかすのが、これは数詞の方をわざともらして数えることにあたる。そして、トンマな客が「1, 2, 3,……, 8, 今何時だ？」「ハイ、4つで」「5, 6, 7,……, 16」としてよけいな勘定を払うのが、はからずも数詞をダブって数えることにあたる。気をつけよう。

03 1と1はたせるか？

「1と1はたせるか？」という疑問を感じた人はエライ！

「1」がある特定のものを指しているとしたら、「そのものに同じものをたす」ことができるのだろうか？

たとえば、「1」が自分だとしたら、もう1つの「1」は何だろうか。もう1人の自分だろうか？　それとも、自分のクローンだろうか？　自分と自分はたせるか？　自分とクローンはたせるか？……考えてみればもっともな疑問だ。

「彼は、それを指さし、次にそれを手に取って叫んだ。」という文章では、前の「それ」と後の「それ」は同じものを指していないと困ってしまう。英語でもitは何を指してもよいが、同じ文の中で「前のitと後のitが別のものを指している」のは「悪文」と言ってよく、普通はやらない。

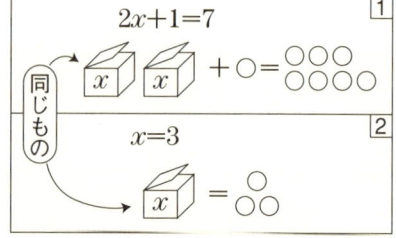

数学の方程式でも、同じ方程式を解いているときは、前の「x」と後の「x」が、別のものを指すとは考えられないので「xは何でもよいが、ともかくある特定の（同じ）数を表す」として解く。

第1章　数と計算の基本

　それなら「1＋1」の前の「1」と後の「1」が別のものを指すと考えるのはおかしい!?
　しかし、「机の上に机がのっています。その上にまた、机がのっています。」という文の中では、3回出てくる「机」がすべて「別の机」を指している。
　この文に、「その上にまた、机がのっています。」という言葉をつけ加えるたびに「別の机」が一段積まれる。実際には、机を積み重ね過ぎると、ガラガラと崩れてしまうが、頭の中では、いくらでも机をのせることができる。つまり、頭の中では「別の机」のコピーがいくらでも作れるのだ。
　1や2などの数詞も「そのようなものだ」と考えておけばよい。
　だから
　　　あの1＋この1＝2
と書けばわかりやすいかもしれないが、メンドーなので、普通は
　　　1＋1＝2
と書いてしまうのがならわし。
　このことが了解されれば、
　　　あの1＋この1＋その1＝3　は　1＋1＋1＝3
と書くことができるし、
　　　あの1＋この1＋その1＋かの1＝4　は　1＋1＋1＋1＝4
と書くことができる。

04 1たす1が1？

"1たす1は2" "1＋1＝2" に決まっている。……が、ちょっと次のことを考えてみよう。

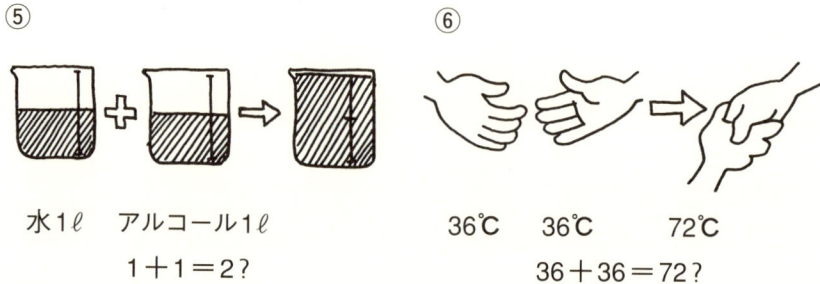

① 1＋1　　1

② 1＋1　　1

③ 1＋1＝2？

④ 1＋1＝2？

⑤ 水1ℓ　アルコール1ℓ
　　1＋1＝2？

⑥ 36℃　36℃　72℃
　　36＋36＝72？

第1章　数と計算の基本

①キラリと光った水玉2つが、アッ、ひとつになった。

　"ひとつ"と"ひとつ"で"ひとつ"になった。

②ポッカリ浮かんだ雲ふたつ。アレレッ、ひとつになった。

　"ひとつ"と"ひとつ"で"ひとつ"になった。

　子どもでなくても、心が和む風景だが、これを「数学のふるまい」としては、「1＋1＝1」としてはいけない。数学は標準的・規範的な場合を扱うので、変化するものや消滅するものを数えたり、たしたりすることはできない。

③ゾウとアリで、1＋1＝2、④大木と爪楊枝で1＋1＝2

　これは逆に、どうも？と思ってしまう。「2」と言ってもいいんだろうかと疑問がわく。これらは、計算としては正しいが、「どういう意味があるか」は不明である。しかし「たそうと思えばたせる」のが困ったところで、意味についてはたす人が責任をもたなければならない。

⑤水1ℓとアルコール（C_2H_5OH）1ℓをたすと2ℓ……
と思いがちだが、ところがどっこい、そうはならない。実験では1970mℓ弱になってしまった。これは、分子レベルのことがからんでいるらしい。質量保存の法則はあっても、体積保存の法則はないのだ。

⑥36℃と36℃が手をつなぐと、やはり36℃

　興奮したりすると少しは上がるが…。学生に、この質問をしたら、とっさに「72度」と答えた。田舎のおばあさんに質問したら、「バカなこと言うんじゃねぇ。36度のまんまだ」

　たし算とは、「いくつかの変化しないものの集団をひとまとめにした総数」を計算するのが基本で"大原則"！　ただし、そこにどんな意味があるのかは、たす人の自己責任で。

05 上手な数え方教えて!

多数の紙幣の枚数を数えるとき、銀行員は手際よくバサバサとさばいて、「ご」「じゅう」「じゅうご」……と5枚ずつ数えているのを見かける。

素人は、なかなかそうはいかない。ふつうは2枚ずつ数えながら「に」「し」「ろー」「はー」「とー」……と口ずさむ。

もう少し、はやくなる方法は、3枚2枚、3枚2枚、……と数えながら「いーち」「にーい」「さーん」……と口ずさむ。最後が「きゅう」で、3枚残りなら、5×9+3＝48枚ということになる。

釣り銭の1円玉を箱に貯めていると、いつのまにかイッパイになっている。何個あるか数えるには、やはり……

① 10個ずつ積み上げてならべていく
② 10の山を10本ずつならべる

というのが順当な方法だ。

これは10（十）でひとまとまりになり、十の十倍が百、百の十倍が千…という十進法に合わせた、合理的な数え方である。

第1章 数と計算の基本

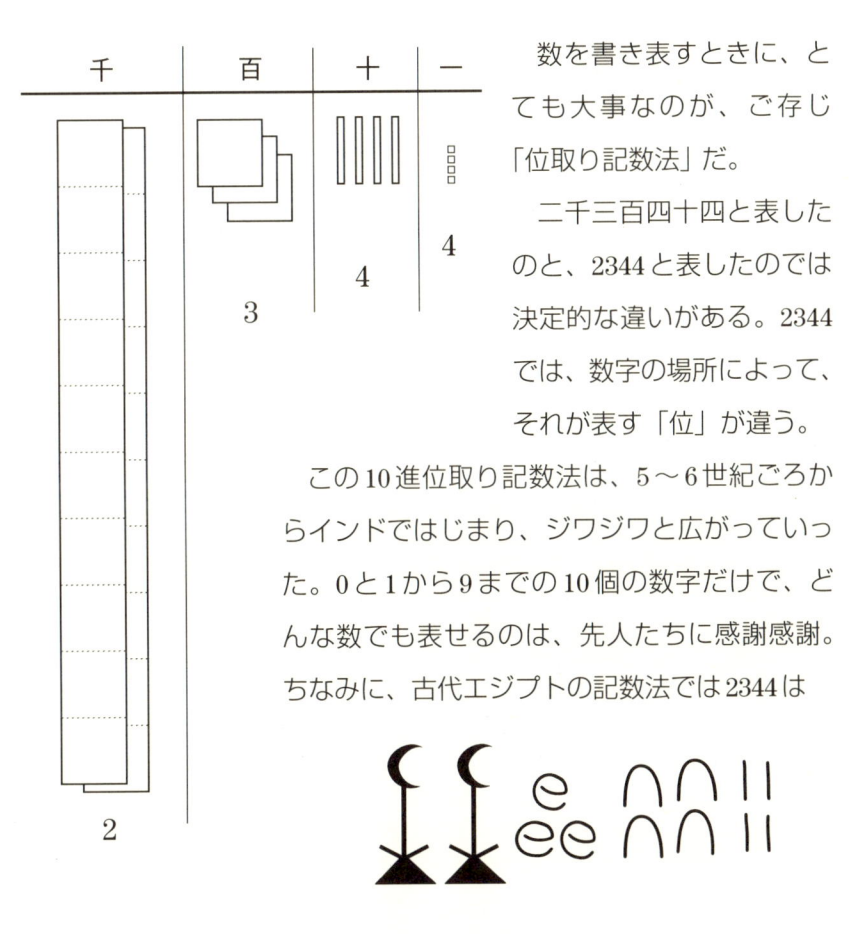

数を書き表すときに、とても大事なのが、ご存じ「位取り記数法」だ。

二千三百四十四と表したのと、2344と表したのでは決定的な違いがある。2344では、数字の場所によって、それが表す「位」が違う。

この10進位取り記数法は、5～6世紀ごろからインドではじまり、ジワジワと広がっていった。0と1から9までの10個の数字だけで、どんな数でも表せるのは、先人たちに感謝感謝。

ちなみに、古代エジプトの記数法では2344は

と表していた。紀元前3000年頃の話である。

ついでに、1と0だけで表すのが、2進位取り記数法。

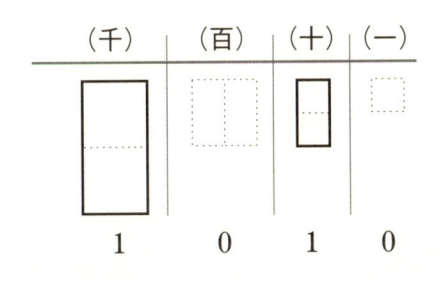

2進法で1010とは10進法では単位の□を数えると、10になる。

電卓・コンピュータ時代、みんな無意識にお世話になっている、おもしろい数え方！

06 どこまで大きい数があるの？

いくらでもある。次々に1を加えていけば限りが無く大きな数はできる。限りが無いから、無限！

昔の人も大きい数には興味をもったらしく、いろんな名前（読み方）が考案されている。これを数詞と言う。

	読み方（数詞）
1	一
10	十
100	百
1000	千
1,0000	万
10,0000	十万
100,0000	百万
1000,0000	千万
1,0000,0000	億

トルコの紙幣（1000000 トルコリラ）

以下、桁数が4つ増える（1万倍）ごとに

1,0000,0000,0000	兆
1,0000,0000,0000,0000	京（けい）
1,0000,0000,0000,0000,0000	垓（がい）
1,0000,0000,0000,0000,0000,0000	秭（じょ）
1,0000,0000,0000,0000,0000,0000,0000	穰（じょう）
1,0000,0000,0000,0000,0000,0000,0000,0000	溝（こう）
1,0000,0000,0000,0000,0000,0000,0000,0000,0000	澗（かん）
1,0000,0000,0000,0000,0000,0000,0000,0000,0000,0000	正（せい）

著者は兆までしか使ったことがないし、それ以上の数詞は覚えていない。たぶんだれも澗などまで使って大きな数を読むことはないと思う。しかし途中で名前がなくなるのも気になったとみえて、まだまだ続く。以下、江戸初期に出版され和算の発展のもとになった吉田光由の『塵劫記（じんこうき）』から。

　1のうしろに0が40個が正（せい）だったが、さらに
　1のうしろに0が44個　　載（さい）
　　　　　　　　48個　　極（ごく）
　　　　　　　　52個　　恒河沙（ごうがしゃ）
　　　　　　　　56個　　阿僧祇（あそうぎ）
　　　　　　　　60個　　那由他（なゆた）
　　　　　　　　64個　　不可思議（ふかしぎ）
　　　　　　　　68個　　無量大数（むりょうたいすう）

　あまりに大きすぎて、ほとんど遊びの世界である。しかも、もともと中国から伝わったものだし、十万を億と呼んだこともあったから、本によっては無量大数は1のうしろに0が65個と書いてあったりする。
　ところで、0が4個増えるごとに名前が変わるのだから、大きい数をカンマで区切るのは4つごとが適している。それなのに現在日本でも3桁ごとに区切ってカンマを付けるようになってしまった。「3桁区切り」が読みやすい、ヨーロッパの数詞の影響である。たとえば英語の場合：

　　　　　　　　1　　one　　　（ワン）
　　　　　　1,000　　thousand　（サウザンド）
　　　1,000,000　　million　　（ミリオン）
　1,000,000,000　　billion　　（ビリオン）

07 10進位取り記数法、n進法

下に描かれたタイルは、全部で何個あるだろうか？

ひとつずつ数えるのが大変だから、10ずつまとめてみよう。

さらに、10ずつまとめると……タイルの数は二百三十四個。

これを

234

と書くのが、10進位取り記数法である。この数を式で書くと

$$2 \times 10^2 + 3 \times 10 + 4$$

となる。

23,045を式で表すと、$2 \times 10^4 + 3 \times 10^3 + 0 \times 10^2 + 4 \times 10 + 5$、
2.34を式で表すと、$2 + 3 \times \frac{1}{10} + 4 \times \frac{1}{100}$となる。

　この位取り記数法の発明によって、0から9までの10種類の数字で、どんな大きい数も、どんな小さい数も簡単に表せるようになった。ひょっとしたらこれは人類最大の発明のひとつかもしれない。

　数を10ずつまとめる代わりに2ずつまとめて表すやり方を2進法と言う。下のように、バラのタイルを2つずつまとめていくと……。

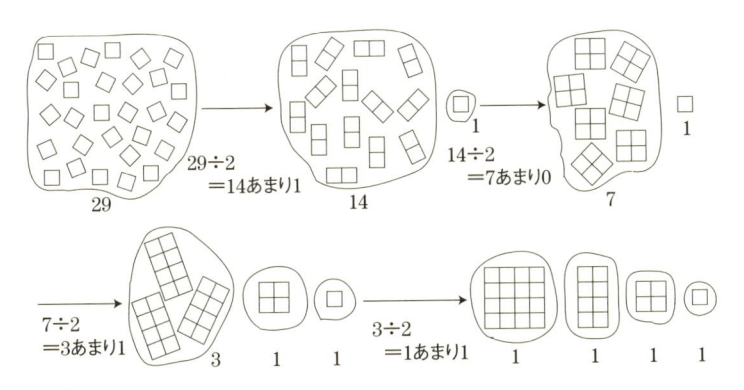

2進法での記数11101が得られる。この数を式で書けば

$$1 \times 2^4 + 1 \times 2^3 + 1 \times 2^2 + 0 \times 2 + 1$$

となる。

　一般に、n進法とは、数をnずつまとめて表すやり方で、式で書けば次のようになる。

$$a_k \cdot n^k + a_{k-1} \cdot n^{k-1} + \cdots\cdots + a_2 \cdot n^2 + a_1 \cdot n + a_0$$

ただし係数は$0 \leq a_i < n$をみたす整数。この式が表している数を、n進法では$a_k a_{k-1} \cdots a_2 a_1 a_0$と書く。

　情報処理の数学では、コンピュータと相性のよい2進法や16進法がよく使われる。

08 たし算とひき算

　2たす3は5
　つまり2＋3＝5
であるが、これを読むとき
　　2と3を加えると5
と言う人と
　　2に3を加えると5
と言う人がいる。どちらも5に違いないが、イメージは微妙に違う。

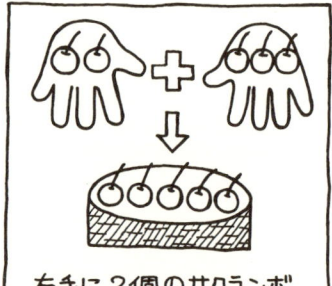

```
┌─────────────────────────┐  ┌─────────────────────────┐
│                         │  │                         │
│   (2個のサクランボ)       │  │   (3個のサクランボ)       │
│        ＋                │  │        ＋                │
│   (3個のサクランボ)       │  │   (カゴに2個)            │
│        ↓                 │  │        ↓                 │
│   (カゴに5個)            │  │   (カゴに5個)            │
│                         │  │                         │
│ 右手に2個のサクランボ    │  │ カゴに2個のサクランボ    │
│ 左手に3個のサクランボ    │  │ 3個のサクランボをつけ    │
│ 一緒にカゴに入れたら5個  │  │ 加えれば5個              │
└─────────────────────────┘  └─────────────────────────┘
       2と3を加える                   2に3を加える
```

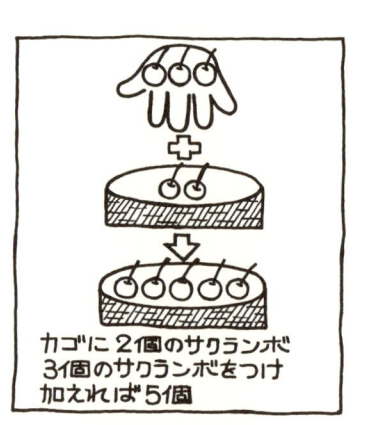

　との方を合併、にの方を添加とよぶことにする。
　毎月コツコツ貯金していくのは添加。家を建てることになって、あり金を全部かき集めるのは合併、という感じ。

ひき算も使われる場面によって大きく分けて2通りあり、それぞれ「求残」「求差」とよばれている。

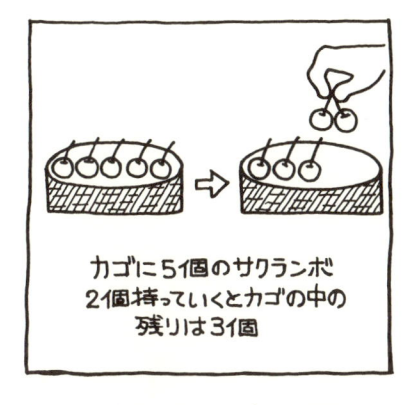

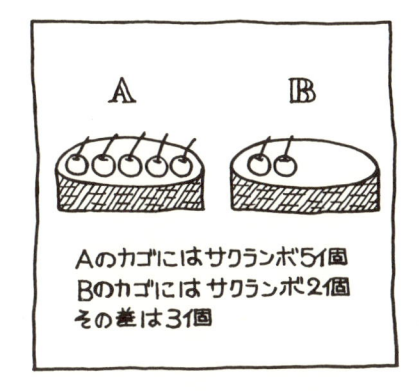

カゴに5個のサクランボ
2個持っていくとカゴの中の
残りは3個

Aのカゴにはサクランボ5個
Bのカゴにはサクランボ2個
その差は3個

5から2をひくと3（求残）　　　5と2の差は3（求差）

どちらも
$$5-2=3$$
というひき算で計算する。

求残の場合、2個のサクランボを戻せばもとの合計5個になるのだから、結局ひき算 $5-2$ は
$$\boxed{?}+2=5 \quad \text{または} \quad 2+\boxed{?}=5$$
となる $\boxed{?}$ を求めること。

求差でも同じで、$5-2$ という差は
$$\boxed{?}+2=5 \quad \text{または} \quad 2+\boxed{?}=5$$
という $\boxed{?}$ を求めること。つまり、$x-y$ とは、
$$\boxed{?}+y=x \text{ をみたす } \boxed{?} \text{ のこと}$$
（あるいは同じことであるが、$y+\boxed{?}=x$ をみたす $\boxed{?}$ のこと）と考えれば、応用上の意味の細かい区別によらず、ひき算を一般的・統一的に考えることができる。これがひき算の本質である。

09 かけ算とわり算

　かけ算とはどのような計算だろうか。「ウサギが3匹います。耳は全部で何本あるでしょうか？」という問題を考えよう。

　もし、ウサギ1匹あたりいつでも2本あることが確かなら、

　　2（本／匹）×3（匹）＝6（本）

というかけ算で答えを出すことができる（ここで（本／匹）は「一匹あたりの本数」の省略形である）。しかし、(あり得ない話であるが) 図のようにウサギによって耳の数が異なっていたら、かけ算では答えを出せず、

　　2（本）＋3（本）＋1（本）＝6（本）

という、たし算で答えを出すほかにない。

　このように、かけ算が成立するためには、大前提がある。すなわち、「1匹あたり必ず2本」のように「1あたりの量が一定」でないとかけ算が成立しない。つまり、かけ算とは、1あたりの量が一定のとき、全体の量を求める計算であると言うことができる。

　　（1あたりの量）×（いくつ分）＝（全体の量）

　かけ算を考える際、右図のような面積をイメージした図で考えるとわかりやすい。抽象的な考えを、具体的なイメージに置きかえて考えたものを心理学ではシェーマと呼んでいる。

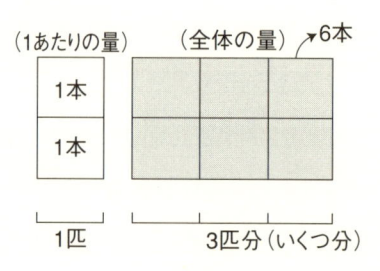

わり算とはどのような計算だろうか。「リンゴ6個を3人の友だちに分配する。それぞれ何個ずつもらえるか？」という問題を考えよう。

もし、このリンゴを3人に平等（均等）に分けるとすると、

$$6（個）÷3（人）=2（個／人）$$

というわり算で答えを出すことができる。ところが、図のように不平等（不均等）に分けてもよいとすると、わり算では答えを出せない。

わり算が成立するためには、均等に分配するという大前提がある。つまり、わり算とは、1あたりの量を求める計算である。

$$（全体の量）÷（いくつ分）=（1あたりの量）$$

ほかの応用もあるが、これが基本だと思ってよい。

ところで、$12×3÷3=12$ とか $7÷5×5=7$ のように、同じ数を「かけてわる」か「わってかける」と必ずもとにもどる。そこで「かけ算とわり算は逆演算である」と言われる。また一般に、

$$x÷y=\boxed{?}$$

という等式は、

$$y×\boxed{?}=x \text{（あるいは}\boxed{?}×y=x\text{）}$$

に置きかえることができる。

このことを利用して、わり算を逆演算（つまりかけ算）で定義することができる：

$x÷y$ とは、　$y×\boxed{?}=x$　をみたす $\boxed{?}$ のことである。

〈注意〉もちろん $\boxed{?}×y=x$　をみたす $\boxed{?}$ と言ってもよい。

10 0とはなにか

一輪のバラ。これからデートだ。ちょっと拝借して…。残ったのは0輪のバラ。

あるはずのものが無いのが「0」

0はすごい数でもある。
- たしても増えない　$a+0=0$
- ひいても減らない　$a-0=a$
- かけると必ず0に　$a×0=0$
- 0でわることは禁じ手
- 何でわってもわり切れる
 （$0÷a=0$で余りが出ないということ）
- すべての数の倍数とも言える
 （$a×0=0$より）

今の世の中では、小学生から自在にあやつっている数「0」。

ゼロ　いち　に　さん　よん　ご　ろく　なな　はち　く　じゅう

第1章　数と計算の基本

　ところで、ゼロの記号が使われはじめたのは、5・6世紀のインドだったが、それが数としてヨーロッパで認められたのは、12世紀頃で、日本では、江戸時代にも、零を数として扱った人はいなかった。

　インドでの10進位取り記数法が、ゼロを数の大舞台へ押し上げたと言ってよいのだ。

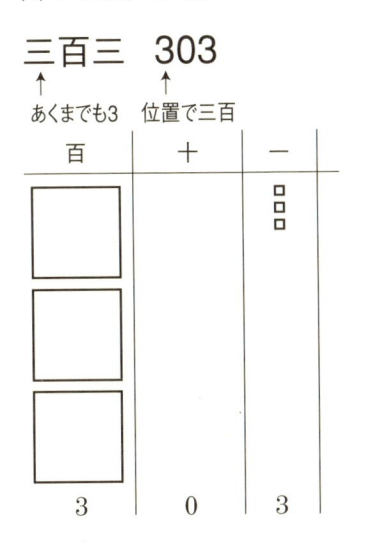

三百三　303
↑　　　↑
あくまでも3　位置で三百

百	十	一
□		□□
□		
□		
3	0	3

　たとえば、日本流に三百三と書くと、「三」はあくまでも3なので、一方の三が300を表すことは、数詞「百」によって示される。一方303と書くと、最初の3はその位置（右から3桁め、百の位）から三百を表すことがわかる。子どもが、0の使い方に慣れていないと、三百三を33とか3003と書く。これでは位置が狂ってしまう。しかしこういう0の使い方が生まれるまでに、長～い時間を要したことを考えれば、あせることはない。

　インド数字は 0, 1, 2, 3, 4, 5, 6, 7, 8, 9 の10個の記号で、どんな数も表せるというすぐれものである。他の記数法に比べると味気ない気はするが。

　子どもたちに、自分の数字を作らせたら次のようなのがあった。

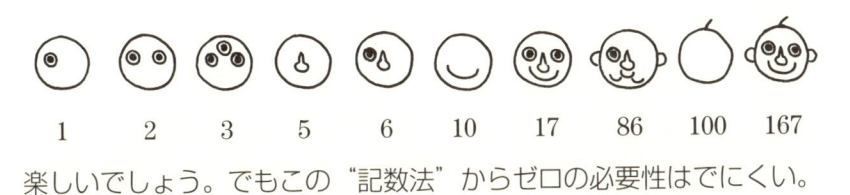

　1　2　3　5　6　10　17　86　100　167

楽しいでしょう。でもこの"記数法"からゼロの必要性はでにくい。

33

11 $\frac{0}{0}=1$ じゃないの？

$\frac{3}{3}=1$, $\frac{4}{4}=1$ はご存じのことと思う。

もちろん $\frac{2}{2}=1$, $\frac{1}{1}=1$ となる。

いきおい、$\frac{0}{0}=1$ も成り立ちそうな気がするが、これはダメ。

もし $\frac{0}{0}=1$ だとすると大変なことになる。というのは、

$$\frac{0}{0}=\frac{0+0}{0}=\frac{0}{0}+\frac{0}{0}=1+1=2$$

となったり

$$\frac{0}{0}=\frac{0+0+0}{0}=\frac{0}{0}+\frac{0}{0}+\frac{0}{0}=1+1+1=3$$

となったりしてしまう！　あるいは

$$0\times\frac{0}{0}=0\times1=0$$

かと思ったら

$$0\times\frac{0}{0}=\frac{0\times0}{0}=\frac{0}{0}=1$$

になってしまう!!

では一体 $\frac{0}{0}$ という分数はいくつなのだろうか？

結論は、そういう分数はない。分数として認めてはいけない。

なぜなら、そもそも $\frac{a}{b}$ という分数は

$$b\times x=a$$

をみたす x のことであるから、もし $\frac{0}{0}$ という分数を考えるなら

$$0\times x=0$$

をみたす x のこと。ところがこの x は 1 つの数として定まらない（x にどんな数を入れても成り立ってしまう）。

だから $\frac{0}{0}$ という「数」は考えられない。

● $\frac{1}{0}$ もない

$\frac{0}{0}$ は数として認められないことをながめてきたが、同じように分数の仲間に入れられないものに $\frac{1}{0}$, $\frac{2}{0}$, $\frac{3}{0}$ のように分母が 0 で分子が 0 でない形がある。

たとえば $\frac{1}{0}$ という分数を考えるなら
$$0 \times x = 1$$
をみたす x のこと。ところがこのような x は 1 つも存在しない（0 をかければ 0 になるはず）。

具体的な例で考えてみよう。

a 時間で b km 進む自動車の平均速度は $\frac{b}{a}$ km／時として求められる。しかし、

3 時間で 100km 進めば 速度は $\frac{100}{3}$ km／時

0 時間で 0km 進む自動車の速度を形式的に $\frac{0}{0}$ km／時と表したところで意味がない。というのは、その自動車の速度はそもそもわからない。

0 時間で 1km 進む自動車の速度を形式的に $\frac{1}{0}$ km／時と表したところで意味がない。なぜなら、そもそも 0 時間で 1km 進むはずがない。

電卓で 0 ÷ 0 や 1 ÷ 0 を計算すると E（エラー）表示がでる。

0 で割ること、つまり分母が 0 の分数を考えることは、数学ではご法度なのである。

12 マイナスとはなにか

　この世にマイナスの数などないと信じている人も多いようである。たしかに「ないものより小さい数などない」と考えるのも、もっともな話である。

　「無いもの」すなわち「無としての0」しか考えられない場合は、マイナスの数は存在しない。しかし、数0は、そのほかに「相対的な基準としての0」の意味を持たせることができる。この「基準の0」の了解なくして、マイナスの数の理解はできない。

　時間は宇宙のビッグバンとよばれる大爆発によって生まれたらしい。この瞬間を「無の0」として宇宙の絶対年齢を考えることができる。この瞬間より「前」ということは、宇宙も時間もなかったので、誰にも考えることができない。

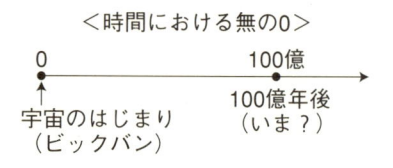

<時間における無の0>

```
0                100億
↑                 ↑
宇宙のはじまり    100億年後
（ビックバン）    （いま？）
```

<時の流れにおける基準の0>

```
－10    0    ＋10
10年前  現在  10年後
```

　一方、現在を「相対的な基準の0」とみなし、10年後の未来をプラス10（＋10）、10年前の過去をマイナス10（－10）と約束してみよう。こうすると、時間におけるマイナスの数は、別に不思議でもなく、単にある（相対的）基準年から過去の時刻を表す数にすぎない。

　また、温度は、本来、分子の運動状態の指標であり、分子の運動が激しい状態では温度が高く、穏やかな状態では低いとする。そして、分子の運動が完全に静まった理想的な状態を絶対零度とよび、0°Kと表

す。これが、温度における「無の0」である。0°K（絶対0度）より低い温度は誰にも考えることができない。

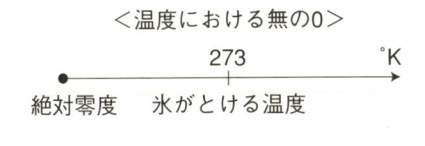

一方、一気圧で氷がとける温度（273°K）を零度とよび0°Cと表す。これが、温度における「基準の0」である。そして水が沸騰する温度を100°Cとして目盛りをつくったのが摂氏温度なのだ。

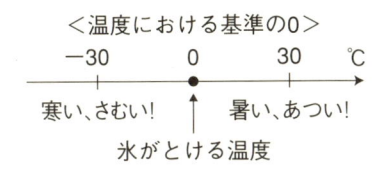

こうすると、温度におけるマイナスの数も、別に不思議でも不条理でもなく、寒い北国の冬では、日常茶飯事に体験できる数である。

また、数0は、「バランスとしての0」の意味を持たせることもできる。

金融では、3万円の財産と3万円の借金を合わせると相殺されて後は何も残らない。

財産をプラス、借金をマイナスとして式で表すと

$$(+3) + (-3) = 0$$

となる。これが「バランスの0」。

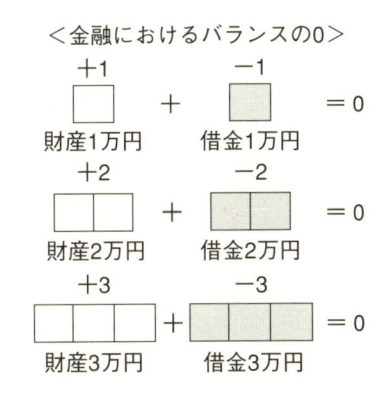

この「バランスの0」のアイデアを使って、右図のように正負の数のたし算のしくみを、わかりやすく説明することができる。

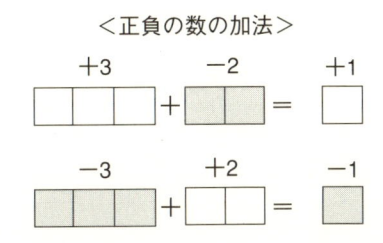

13 絶対値とは

　5の絶対値、すなわち｜5｜とは、原点から点5までの距離で、5。
　-5の絶対値、｜-5｜とは、原点から点-5までの距離で、5。
　｜a｜とは、原点から点aまでの距離ということ。これを形式的に書くと、
　$a \geq 0$のとき、｜a｜$= a$, $a < 0$のとき｜a｜$= -a$
というふうに、わかりづらくなる。
　また「符号を取れ」と教える人もいる。｜-5｜=｜+5｜=5はよいのだが、｜5｜= ??で悩んでしまう。「5は+5の省略形」と思えばよいのだが、「手作業で覚える」のは「意味が見えない」という欠点があるので要注意！
　｜$x-3$｜とは、点3から点xまでの距離ということ。
　たとえば、
　｜$x-3$｜= 5なら、図のように、$x = -2, 8$とすぐわかる。
　これを
　$x-3 \geq 0$のときは
　$x-3 = 5$　だから　$x = 8$、
　$x-3 < 0$のときは、$-(x-3) = 5$　だから　$x = -2$
と求めることを身につけただけでは、絶対値の本質がみえなくなる。

ベクトル（2・16参照）でも、絶対値と同じ記号（| |）を使う。ただし、絶対値とよばず「大きさ」と言う。しかし、共通なことは距離を表すことである。

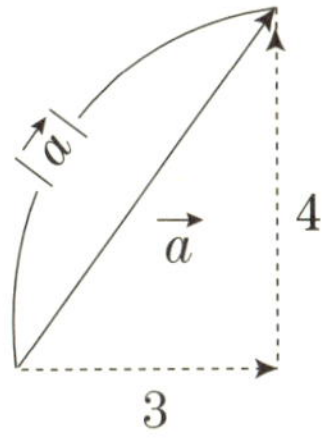

ベクトル $\vec{a}$ の成分を（3, 4）とし、$|\vec{a}|$ を求めると
$$|\vec{a}| = \sqrt{3^2 + 4^2} = \sqrt{25} = 5$$
となる。

$-\vec{a}$ は、$\vec{a}$ とは向きが反対のベクトルで、成分は（−3, −4）となり
$$|-\vec{a}| = \sqrt{(-3)^2 + (-4)^2} = \sqrt{25} = 5$$
となる。

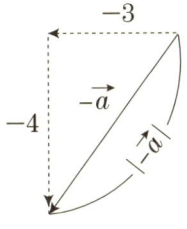

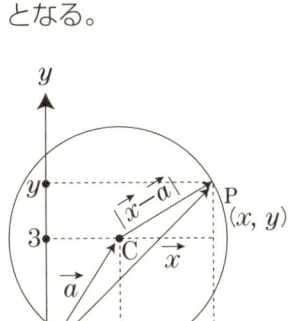

$\vec{a} = (2, 3)$ とすると
$$|\vec{x} - \vec{a}| = 2$$
は平面の点（2, 3）からはかって、距離が2である点を示す。それは点（2, 3）を中心にして、半径が2の円になる。

$\overrightarrow{CP} = \vec{x} - \vec{a}$ の成分は、$(x-2, y-3)$ となるので
$|\vec{x} - \vec{a}| = \sqrt{(x-2)^2 + (y-3)^2} = 2$ となる。

両辺を2乗すると $(x-2)^2 + (y-3)^2 = 2^2$

これが (x, y) を使った中心を点（2, 3）とし半径が2のふつうの円の式。

14 デカルトのかけ算

デカルト（René Descartes 1596～1650）の著作『幾何学』の第1巻「円と直線だけを用いて作図しうる問題について」の中に、次のような記述がある。（白水社『デカルト著作集Ⅰ』、原亨吉訳）

［乗法］

たとえば、AB［第1図］を単位として、BDにBCをかけねばならぬとすれば、点AとCを結び、CAに平行にDEをひけばよい。BEはこの乗法の積である。

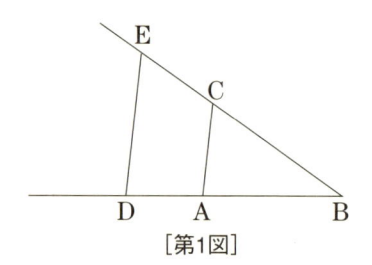

［第1図］

同じことを数直線を用いて表すと次のようになる。

（下の図は上の図を時計回りに150°ほど回転させた位置になっている。）

(1) x 軸上の○と、y 軸上の1を結ぶ。

(2) y 軸上の△から、(1)で作った直線に平行線をひき、x 軸との交点を読む。それが○と△をかけ算した答えとなる。

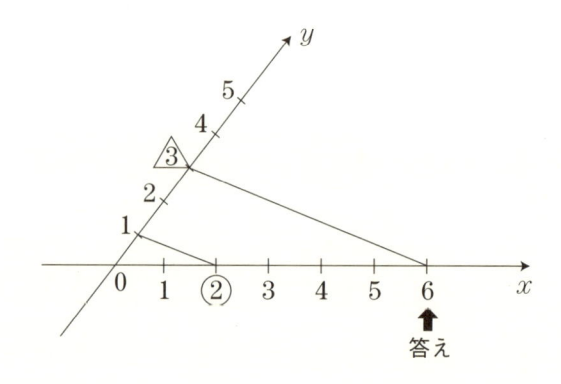

これは平行線による相似拡大を上手に使っている。つまり2つの三角形の相似により、y軸上の1から△までの拡大率が、x軸上の○から答えまでの拡大率と同じだから、答えは○×△となる。
　もっとわかりやすく図示すると、次のようなイメージである。

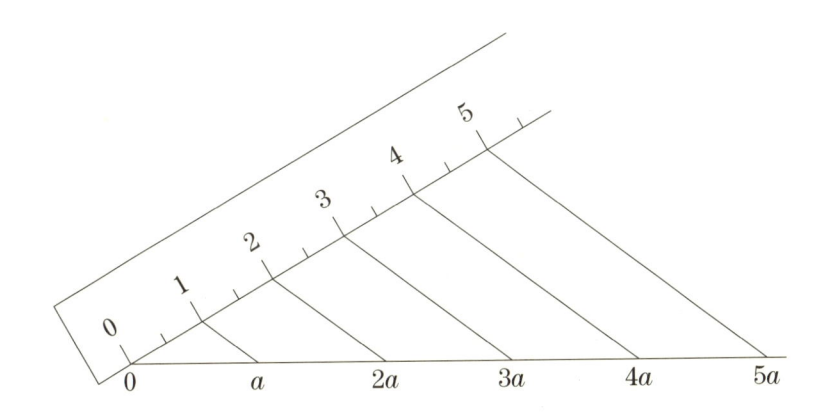

　さて、おもしろいのは、このデカルトのかけ算の方法を数直線の負の部分にまで拡張すると
　　　　マイナス×マイナス＝プラス
の計算の答えも正しく求められる。

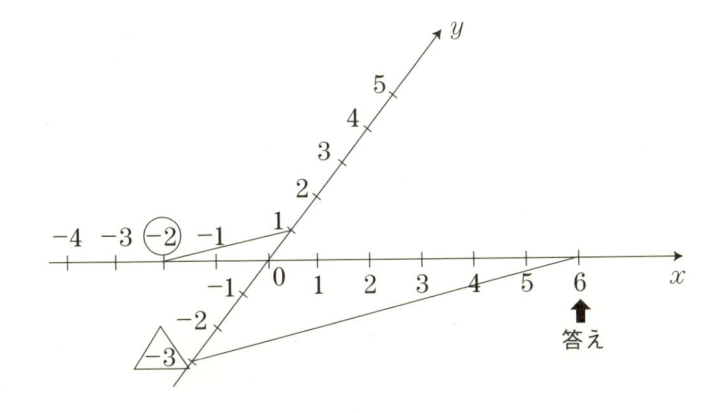

15 マイナスかけるマイナスはなぜプラス？

マイナスかけるマイナスがプラスだとすれば

　　（借金）×（借金）＝（財産）

になるはずだが？　そんなバカな…と思われるかもしれないが、そもそも（借金）×（借金）がバカげているのである。

（借金）×（借金）＝（財産）
どうしてこうなるの?!

考えてみてほしい。（300円）×（50円）にどういう意味があるのだろうか。意味のない計算をすれば、無意味な答えになっても、ふしぎはない。それを数学のせいにするのは、「$2 \times x = 6$ の x に、借金を代入したら　借金＝3になった。バカげている」と言うようなものである。

意味のあるかけ算を考えるためには、

　　（1あたりの量）×（いくつ分）＝（全体の量）

という形にあてはまる例で考えないといけない。

右図のような水そうを考える。栓Aを開くと1分あたり 5ℓ の水が流入し、栓Bを開くと1分あたり 5ℓ の水が流出する。これを、

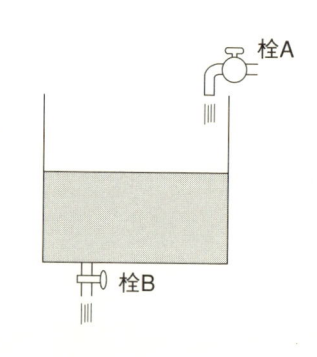

　　栓A：$+5(\ell/分)$、栓B：$-5(\ell/分)$ のように表す。

また、未来をプラス、過去をマイナスとし、水そうの水が増えた分をプラス、減った分をマイナスと決めて、以下の現象を正負の数のかけ算で表してみよう。

① 栓Aが開いた状態で、3分たつと水は15ℓだけ増えるので
$$(+5) \times (+3) = +15$$
② 栓Aが開いた状態で、3分前には、水そうの水は15ℓだけ少なかったはずなので、
$$(+5) \times (-3) = -15$$
③ 栓Bが開いた状態で、3分たつと水そうの水は15ℓだけ減少するので
$$(-5) \times (+3) = -15$$
④ 栓Bが開いた状態で、3分前には水は15ℓだけ多かったので、
$$(-5) \times (-3) = +15$$

④からわかるように ⊖×⊖＝⊕ と決めるのが自然なのである。

しかし、どうせ数学は約束事で作られているのだから ⊖×⊖＝⊖ と決めたっていいではないかという人もいるかも知れない。

では、⊖×⊖＝⊖ と決めたときと、⊖×⊖＝⊕ と決めたとき、どのようなことが起こるか調べてみよう。

平面上の点A (x, y) のy座標に-1をかける変換を考えよう。

A (x, y) ⟶ A' $(x, y \times (-1))$

もし ⊖×⊖＝⊖ だったら図1は図2のように折りたたまれて、ウサギも苦しそうである。

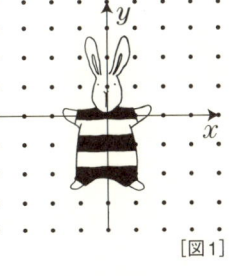

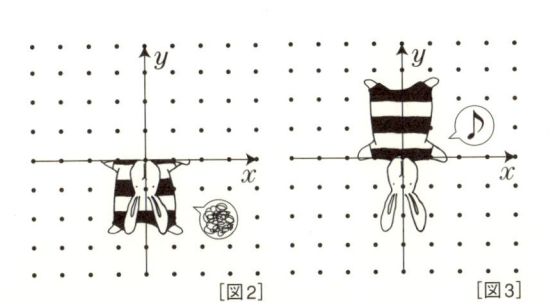

[図1]

⊖×⊖＝⊕ だったら図1は図3のようになりウサギも楽しそうである。やはり、⊖×⊖ は ⊕ に限るようだ。

[図2]　　[図3]

16 分数と小数

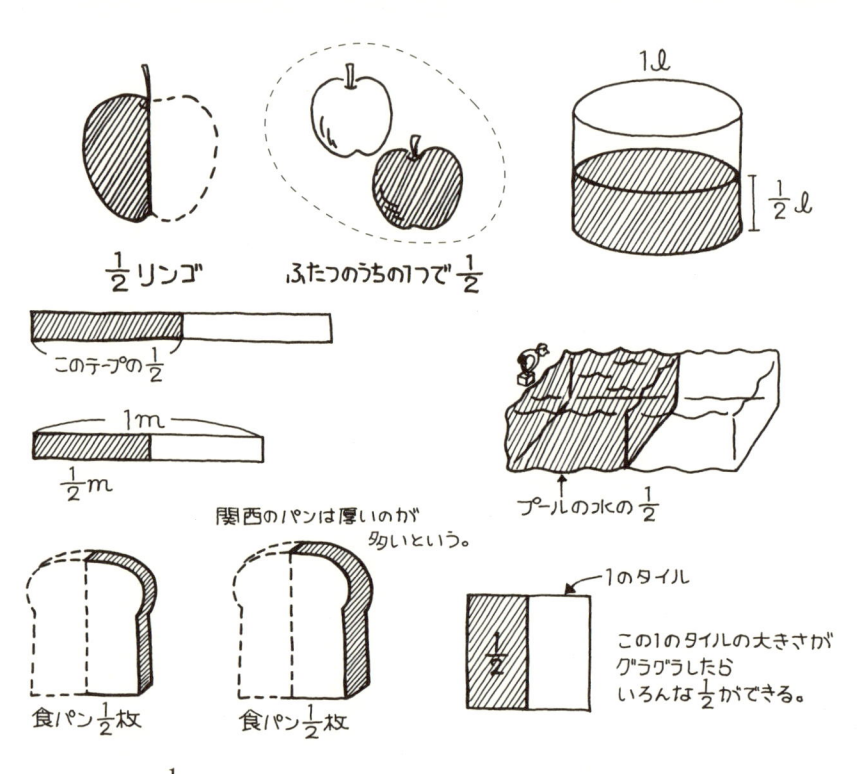

$\frac{1}{2}$ リンゴ

ふたつのうちの1つで $\frac{1}{2}$

$\frac{1}{2}\ell$

このテープの $\frac{1}{2}$

$\frac{1}{2}m$

プールの水の $\frac{1}{2}$

関西のパンは厚いのが多いという。

食パン $\frac{1}{2}$ 枚

食パン $\frac{1}{2}$ 枚

1のタイル

$\frac{1}{2}$

この1のタイルの大きさがグラグラしたらいろんな $\frac{1}{2}$ ができる。

　いろんな $\frac{1}{2}$ がある。分数を考えるときは、基準の量の「1」を、ことさら意識する必要がある。

　分数は、主に西洋の文明の中で育ってきた。ギリシャ時代、すべての長さは、整数の比で表されると思っていたところにも、その原因があるのかもしれない。

1

$\frac{□}{△}$

のように書けるはず！

第1章　数と計算の基本

0.5と言えば…

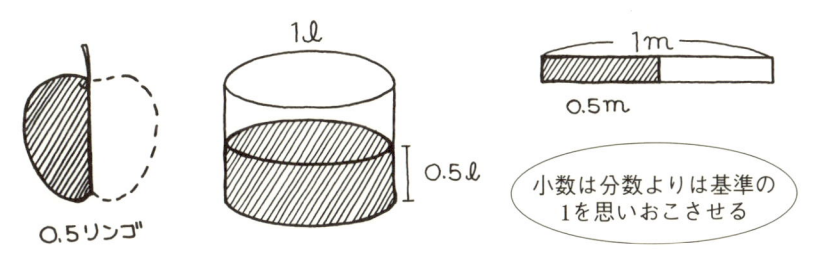

0.5リンゴ

1ℓ / 0.5ℓ

1m / 0.5m

小数は分数よりは基準の1を思いおこさせる

　小数は、西洋では16世紀に発見され、分数は循環小数で表され、無理数はどこまでも循環しない小数で表されることもわかってきた。

　東の文明は、命数法として分（0.1）、厘（0.01）、毛（0.001）…とし、小数の考えを中心にして計算してきた。

分（ぶ）	0.1	瞬息（しゅんそく）	0.0000000000000001
厘	0.01	弾指（だんし）	0.00000000000000001
毛	0.001	刹那（せつな）	0.000000000000000001
糸	0.0001	六徳（りっとく）	0.0000000000000000001
忽（こつ）	0.00001	空虚（くうきょ）	0.00000000000000000001
微	0.000001	清浄（せいじょう）	0.000000000000000000001
繊	0.0000001		
沙（しゃ）	0.00000001		
塵（じん）	0.000000001		
埃（あい）	0.0000000001		
渺（びょう）	0.00000000001		
莫（ばく）	0.000000000001		
模糊（もこ）	0.0000000000001		
逡巡（しゅんじゅん）	0.00000000000001		
須臾（しゅゆ）	0.000000000000001		

「数学小辞典」矢野健太郎編（共立出版）より

　歩合を表す「割」も0.1でこれが割り込んで、今では「分」は0.01＝1％とされることが多くなった。

　「腹8分目」とは、腹8％ではなく、80％のこと。

17 半端を表す

　たとえばある長さを測るとき、単位（1とする長さ）が何個分あるかで数えるのだが、ちょうどぴったり測れるということはめったになく、たいていの場合、半端（はんぱ）が出る。

A ▭　これを単位にすると

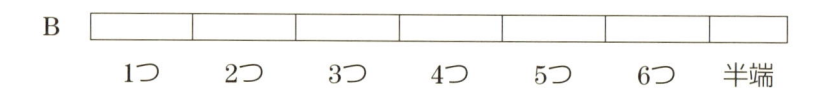

B （1つ　2つ　3つ　4つ　5つ　6つ　半端）

　したがって、Aの長さを1とするとBの長さは「6とちょっと」という長さになる。
　前項でも見たように、この半端を測る方法として2種類ある。

（その1）分数

　その1つは、「単位の長さ」に対する「半端の長さ」の割合を、分数で表す方法である。その分数を見つけるには、単位の長さと半端の長さの両方をぴったり測りきれる共通の長さ（共約量ともよばれる）が見つかるとよい。

A ▭
半端 ▭
└共約量

　上の例では、共約量が $\frac{1}{4}$ であり、半端の長さはその3つ分であるから $\frac{3}{4}$ で表される。
　だからB全体の長さは、$6\frac{3}{4}$ となる。

第1章 数と計算の基本

日常生活では、この共約量はいわゆる目分量でだいたいの見当をつけて済ます。しかし、厳密に考えると、あらゆる2つの長さには必ず共約量があるのか、もしあったとすればどういう手続きでそれを求められるか、という2つの大きな問題につき当たる。これは実は数学の発展にとっては大切なポイントとなったのであるが、本書では〈1・25〉や〈4・03〉で扱われる。

(その2) 小数

A ▭
　|||||||||||
　0　0.5　1

半端 ▭
　|||||||||||
　0　0.5　1

　もう一つの方法は、単位1の長さを10等分して、前もって 0.1, 0.2, 0.3, …… というものさしを作っておく方法である。0.1の長さをさらに10等分して 0.01, 0.02, 0.03, …… と細分することもできる。

　左の例では、0.75 となる。

　だからB全体では 6.75 と小数で表せる。

　半端物、中途半端、半端人足などなど、半端という言葉はあまりいいところでは使われないが、しかし数の世界では半端こそ分数や小数の生みの親である。

　日本では、日常的には半端を表すのに小数の方が多用され、たとえば次のようなところに出てくる。

　(ア) マラソンコースの距離　42.195km

　(イ) 1升ビンのお酒　1.8ℓ

　(ウ) 新聞に毎日載る気温

11月の気温(15時まで)と天気(15時)				
	最高	平年	最低	平年	天気
札幌	−4.2	2.6	−6.9	−4.2	晴
仙台	6.3	8.8	2.2	0.7	雪
新潟	6.6	8.8	4.4	2.5	晴
東京	13.4	12.7	9.8	4.4	快晴
名古屋	12.4	11.8	6.5	2.5	晴
金沢	8.4	10.5	4.7	3.2	雨
大阪	13.7	12.5	10.6	4.6	晴
広島	12.8	11.8	8.3	2.9	雨
松江	11.9	11.3	7.4	3.2	雨
高松	13.4	12.2	10.5	2.9	晴
福岡	12.7	12.8	8.4	5.1	晴
鹿児島	16.4	15.3	10.7	4.8	晴
那覇	22.3	21.0	20.1	16.0	曇

18 比率を表す

　分数や小数が比率を表すこともある。そのいくつかの例を取り上げてみよう。

◉打率

　打率は $\dfrac{(ヒット数)}{(打\ 数)}$ という式で表される。打数とは打席に入った数からフォアボール、デッドボール、それからバントなど犠打の数を引いたものである。たとえば、100打数のうちヒットを33本打った選手の打率は、

$$\frac{33}{100} = 0.33 \quad すなわち \quad 3割3分$$

ということになる。3割打者の打率は0.3…であり、2割打者の打率は0.2…であるので、たった0.1くらいしか違わない。しかし、実際の試合では、作戦の変更を考えるほど大きな差でもある。

◉アルコール濃度

　アルコール濃度は、$\dfrac{(酒の中のアルコール重量)}{(酒の重量)}$ という式で表される。アルコール度数とは、この比率を百分率で表したものである。

　たとえば、酒800gの中にアルコール120gが入ったもののアルコール濃度とアルコール度数は

$$\frac{120g}{800g} = 0.15 \quad すなわち \quad 15度$$

ということになる。学生の頃、実験室のエチルアルコールを水で割った酒を飲まされたことがあった。アルコール100gを水400gで割った酒のアルコール濃度は

$$\frac{100\text{g}}{100\text{g}+400\text{g}} = \frac{100}{500} = 0.2$$

すなわち20度ということになる。

◉利益率と割引率

利益率は、$\dfrac{(利益金)}{(元金)}$ という式で表される。

たとえば、原価800円の商品を定価1000円で販売したときの、利益率は

$$\frac{1000\text{円} - 800\text{円}}{800\text{円}} = \frac{200}{800} = 0.25$$

すなわち25％の利益率ということになる。

また、割引率は、$\dfrac{(割引額)}{(定　価)}$ という式で表される。

たとえば、定価15万円の高級バッグを9万円で売ったときの割引率は

$$\frac{15万円 - 9万円}{15万円} = \frac{6}{15} = 0.4$$

すなわち40％の割引率ということになる。

利益率や割引率のように、分母に元になる量、分子に増加・減少した量で表される比率は、いろいろな場面で出てくる。たとえば、

$$(膨張率) = \frac{(膨張した長さ)}{(元の長さ)}, \quad (成長率) = \frac{(増加した量)}{(元の量)}$$

19 かけて小さくなる、わって大きくなる

　九九を習って、かけ算を知ってから、何千回もかけ算をしてきた。
3個ずつおまんじゅうを9人に配ると、3×9＝27（個）
車3台に車輪は何本？　　4×3＝12（本）
　生活の中でも、かけ算をしていくうちに
"かけ算すると大きくなる"
という実感が身にしみ込み、頭を支配してしまう。そんな時

$$400 \times 0.8 = 320$$

に出会う。「かけたのにどうして小さくなるの？」と不思議になる。
　かけ算って何だろう？

◉ペンキを塀に塗るのに $1m^2$ あたり、400gのペンキを使うとする。$3m^2$ 塗るのに何gのペンキがいるか？
というとき次のようにする。

$$400g/m^2 \times 3m^2 = 1200g$$
　　　↓　　　　　↓　　　　↓
　1あたりの量×いくら分＝全部の量

$0.8m^2$ 塗るときは

$$400g/m^2 \times 0.8m^2 = 320g$$

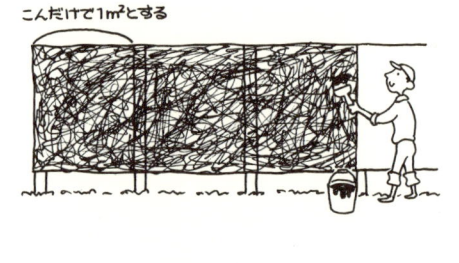

となり、意味を考えれば"小さくなってあたりまえ"である。
　実生活では、利息の計算に「小さくなるかけ算」がよく現れる。

わり算を知る前から、りんごを2人で食べると、ひとり分は半分。お年玉では、3人兄弟だったら、一番下は3分の1以下になった！
　わり算を習ったとき
　27個のおまんじゅうを9人に配ると、ひとり何個と聞かれ
$$27 \div 9 = 3（個）$$
と答えて○。このような計算をくり返しているうちに、"わり算をすると小さくなる"という実感が身にしみ込み頭を支配してしまう。そんな時
$$320 \div 0.8 = 400$$
に出会うと、「わったのにどうして大きくなるの？」と不思議になる。
　わり算って何だろう？

◉ペンキを塀に塗ったら1200gのペンキで$3m^2$塗ることができた。$1m^2$あたり何g使ったの？

$$?g/m^2 \times 3m^2 = 1200g \iff ?g/m^2 = 1200g \div 3m^2$$
　　↓　　　　↓　　　　↓　　　　　　　　　↓　　　　↓　　　　↓
1あたりの量×いくら分＝全部の量　　　　1あたりの量＝全部の量÷いくら分

より、$400g/m^2$。

　では、320gで$0.8m^2$塗ることができたとき、$1m^2$あたり何g使うことになるの？
$$320g \div 0.8m^2 = 400g/m^2$$
となり、"大きくなってあたりまえ（？）"

20 $\frac{1}{2}+\frac{1}{3}=\frac{2}{5}$ はどうしていけないの？

ことの起こりは北海道のある農業高校の数学の授業だ。

先生が生徒たちに分数のたし算を復習させた。

先生「$\frac{1}{2}+\frac{1}{3}$ はどのようにして計算するの？」

ある生徒「$\frac{1}{2}+\frac{1}{3}=\frac{1+1}{2+3}=\frac{2}{5}$」

先生「えっ？どうして」

以下がその生徒の説明。クラス中の生徒がみんな納得した。

2匹中、黒ブタが1匹。
3匹中、黒ブタが1匹。
一緒にすると
5匹中、黒ブタは2匹。
だから
$\frac{1}{2}+\frac{1}{3}=\frac{2}{5}$

読者の皆さんも納得されたのではないかと思う。

しかしちょっと待ってください。

$\frac{1}{2}=0.5$

$\frac{1}{3}=0.3333\cdots$

$\frac{2}{5}=0.4$

だから、これでは $0.5+0.3333\cdots=0.4$ だ！　おかしい。

小学校では次のようにして教えてくれる。

「$\frac{1}{2}\ell$ と $\frac{1}{3}\ell$ の水があります。これを一緒にすると

$$\frac{1}{2}+\frac{1}{3}=\frac{3}{6}+\frac{2}{6}=\frac{5}{6}$$

（ジャーと一緒にする）

ねっ、$\frac{5}{6}\ell$ になったでしょ。」

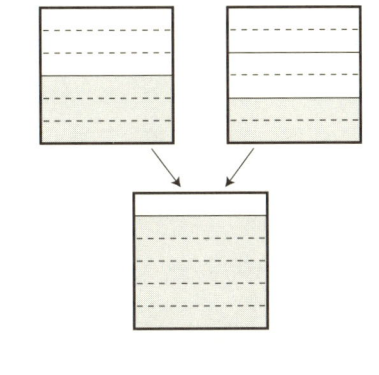

つまり、分数のたし算は分母を通分してから分子だけを加えて

$$\frac{B}{A}+\frac{C}{A}=\frac{B+C}{A}$$ とする。

ちなみに

$$\frac{5}{6}=0.8333\cdots\cdots$$

だから、$0.5+0.3333\cdots=0.8333\cdots$ で合っている。

では、黒ブタの計算 $\frac{1+2}{2+3}$ は、どこがいけないのだろうか。この計算は、黒ブタの比率を求める計算としては正しい。でもそれを $\frac{1}{2}+\frac{1}{3}$ という分数のたし算だと思ってしまったところがまちがい。

ついでにつけ加えると、比率のたし算はむずかしい。たとえば

10匹中、黒ブタ5匹。3匹中、黒ブタ1匹。これを一緒にして

$$\frac{黒ブタの数}{全体の数}=\frac{5+1}{10+3}=\frac{6}{13}$$

とすると黒ブタの正しい比率（割合）が出るが、$\frac{5}{10}=\frac{1}{2}$ だからといって $\frac{1+1}{2+3}=\frac{2}{5}$ としたのでは、答えが違ってしまう。いろいろ考えさせられる問題である。

21 分数のわり算： どうして「ひっくり返してかける」の？

「どうして分数でわるとき、ひっくり返してかけるの」と聞くと、「小学校の時、何かダマサレタような気がする」という答えが返ってくることがある。たしか宮崎駿の「思ひでポロポロ」というアニメ映画の中でも、主人公のたえ子が、小学校の5年の頃を思い出して「そういえば私は、あの分数でわると、なぜひっくり返してかけるのかわからなくて……人生に落ちこぼれたの……」と言う場面があったと思う。「たかが分数」「されど分数」である。

そこで、この疑問にこだわってみよう。

$$1秒間に \frac{15}{4} \text{m} の速さで1200\text{m}を走る。何秒かかるか？$$

（距離）÷（速さ）＝（時間）なので、この問題の計算式は

$$1200\,(\text{m}) \div \frac{15}{4}\,(\text{m}/秒)$$

となる。

さて、この式をかけ算で処理するには、どうしたらよいだろうか。

「$\frac{15}{4}$（m／秒）の速さ」とは「1秒あたり $\frac{15}{4}$ m の割合で走る」ことで、これは「4秒間で15mの割合で走る」ことになる。

これを、距離をベースにして見方を変えると「15mを4秒の割合で走る」ことになり、結局「1mを $\frac{4}{15}$ 秒の割合で走る」ことに等しくなる。

すなわち、次のようになる。

$$速さ \frac{15}{4}\,(\text{m}/秒) \longleftrightarrow 速さ \frac{4}{15}\,(秒/\text{m})$$

こうすると、初めの問題は、次の問題とまったく同じになるはずである。

> 1mあたり $\frac{4}{15}$ 秒の速さで1200m走る。何秒かかるか？

この問題の計算式は、次のようになる：

$$\frac{4}{15}(秒／m) \times 1200(m) = 320(秒)$$

なるほど、分数のわり算は、分母と分子をひっくり返してかければよいことがわかった。

また、次のように考えてもよい。

$1200 \div \frac{15}{4}$ とは、「1200の中に $\frac{15}{4}$ がいくつあるか」という問題である。

これを「$\frac{1200 \times 4}{4}$ の中に $\frac{15}{4}$ がいくつあるか」と言いかえてみよう。分母の4が共通だから、下の図より

$$1200 \times 4 \div 15 = 1200 \times 4 \times \frac{1}{15} = 1200 \times \frac{4}{15}$$

に等しい。

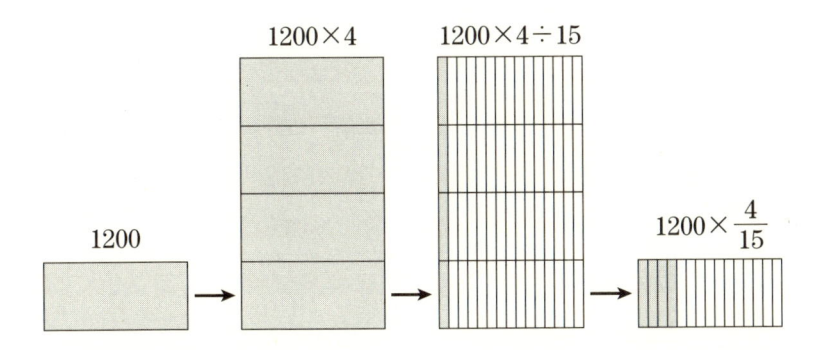

なるほど、分数のわり算は、分母と分子をひっくり返してかければいいのだ！（なお別の説明が151ページにある。）

22 無限との出会い：0.3333……

あくまでも友人の話。

「高校の時の数学の先生はヒドかった。15分遅れて教室にきて『あっ忘れ物をした』と言って職員室に帰ってしまうこともしばしば。ある日、『今日は無限の話をしよう』と言って、チョークで黒板に直線を描きはじめた。『直線には限りがない。無限ダ』と言いながら、黒板の端にきても、そのまま壁に描いて、扉を開けて廊下の壁にも描きながら行ってしまった。そのまま帰ってこなかった。無限ってスゴイと思った記憶がある」

この友人は、立派な数学の教師になっている（教育はおもしろい？！）。

さて、$\frac{1}{3}$ を小数になおすと

$\frac{1}{3} = 0.3333\cdots$　　※1

となるのは、みんなわりとスンナリ受け入れてくれる。これから起こる常識をゆさぶるような、"無限との出会い"に気がつかずに。

"等号の両辺に同じ数をかけても、等号は成り立つ"

という、あたりまえのことを、※1に適用してみる。

$$3 \times \frac{1}{3} = 3 \times 0.3333\cdots$$

よって 1 = 0.9999⋯　　※2

※2の式をみたら、多くの人は、「本当はちょっと差がある」と言い、「とにかく、納得できかねる」と猛反発する（ボクも今でも、心のどこかで反発している）。

あとについている"⋯"が曲者だ。"⋯"は「つづく」「どこまでもつづく」ということで、とどまることを知らない。100億桁つづけても、そこで停まってしまったら、無限でも何でもなく単なる「有限小数」で、1との差は、$10^{100億}$分の1もある。

"無限"と言ってしまった瞬間に、それは質が違う新しい世界に足を踏み入れている。

無限とは、有限ではなく、有限とも仲のよい別世界

ますます混乱！混乱したついでに…

（1）10までの自然数と、10までの偶数の個数くらべ

自然数	1	2	3	4	5	6	7	8	9	10
	↕	↕	↕	↕	↕					
偶　数	2	4	6	8	10					

（子どもがするようにひとつとひとつを対応。自然数の勝ち！）

"ひとつ"と"ひとつ"を対応させて、もれなく対応がつけば同じ個数だとすると…

（2）全部の自然数と、全部の偶数の個数くらべ

自然数	1	2	3	4	5	6	7	8	9	10	11	12	⋯
	↕	↕	↕	↕	↕	↕	↕	↕	↕	↕	↕	↕	
偶　数	2	4	6	8	10	12	14	16	18	20	22	24	⋯

えっ、対応がつくよ。よって、自然数全部の個数と、偶数全部の個数は、同じになる???　これであなたも、無限の世界に迷い込んでしまった！

23 分数を小数に直す

◉有限小数と無限小数

たとえば分数 $\frac{5}{8}$ を小数に直すには、右のように 5 を 8 で割っていけばよい。

$$\frac{5}{8} = 0.625$$

```
      0.625
   ────────
 8)5
    48
    ──
    20
    16
    ──
     40
     40
     ──
      0
```

このようにわり算が途中で終わるものもあるし

$$\frac{2}{3} = 0.6666\cdots\cdots$$

のようにいつまでもつづくものもある。それぞれ、有限小数、無限小数とよんでいる。

◉循環小数

おもしろいのは分母が 7 のときであり、がんばってわり算の計算をつづけていくと、

$$\frac{3}{7} = 0.428571428571428571\cdots\cdots$$

くりかえす

```
      0.428571……
   ──────────
 7)3
    28
    ──
    20
    14
    ──
     60
     56
     ──
      40
      35
      ──
       50
       49
       ──
        10
         7
        ──
         3
```

のように、428571 がくり返される。

このような小数を循環小数と言い

$$0.\dot{4}2857\dot{1}$$

という表し方をすることもある。上の $\frac{2}{3} = 0.6666\cdots\cdots$ も循環小数であり、$0.\dot{6}$ と表す。

第1章 数と計算の基本

右の表は、分子を1にして、分母をいろいろ変えていったときの小数表示の結果である。

ここで3つの疑問がわく。

(1) 有限小数になるものの右に○印をつけた。分母が2, 4, 5, 8, 10, 16, 20, 25, 32, 40, 50の場合である。これらに共通の性質は？

(2) 無限小数になるものは必ず循環小数になるのか？

(3) 循環する部分の数字の個数がバラバラで、$\frac{1}{23}$のときは22個、$\frac{1}{24}$のときは1個。一体どうなっているのか？

(3) は難しいが、(1) (2) はしばらく考えていただくと判明すると思う。「しばらく」が1時間であったり1週間であったりするかもしれませんが楽しんでみてください。

(答えのヒント) (1) 2と5だけの積になる。(2) 必ず循環する。左ページ $\frac{3}{7}$ の計算参照。

n	$\frac{1}{n}$ の小数表示	
2	0.5	○
3	0.$\dot{3}$	
4	0.25	○
5	0.2	○
6	0.1$\dot{6}$	
7	0.$\dot{1}$4285$\dot{7}$	
8	0.125	○
9	0.$\dot{1}$	
10	0.1	○
11	0.$\dot{0}\dot{9}$	
12	0.08$\dot{3}$	
13	0.$\dot{0}$7692$\dot{3}$	
14	0.0$\dot{7}$1428$\dot{5}$	
15	0.06	
16	0.0625	○
17	0.$\dot{0}$588235294117647	
18	0.0$\dot{5}$	
19	0.$\dot{0}$5263157894736842$\dot{1}$	
20	0.05	○
21	0.$\dot{0}$4761$\dot{9}$	
22	0.0$\dot{4}\dot{5}$	
23	0.$\dot{0}$434782608695652173913	
24	0.041$\dot{6}$	
25	0.04	○
26	0.0$\dot{3}$8461$\dot{5}$	
27	0.0$\dot{3}\dot{7}$	
28	0.03571428	
29	0.$\dot{0}$3448275862068965517241379$\dot{3}$	
30	0.0$\dot{3}$	
31	0.$\dot{0}$32258064516129	
32	0.03125	○
33	0.0$\dot{3}$	
34	0.0$\dot{2}$94117647058823$\dot{5}$	
35	0.02857$\dot{1}\dot{4}$	
36	0.027$\dot{7}$	
37	0.$\dot{0}$2$\dot{7}$	
38	0.0$\dot{2}$6315789473684210$\dot{5}$	
39	0.$\dot{0}$2564$\dot{1}$	
40	0.025	○
41	0.$\dot{0}$243$\dot{9}$	
42	0.0$\dot{2}$3809$\dot{5}$	
43	0.$\dot{0}$2325581395348837209$\dot{3}$	
44	0.02$\dot{2}\dot{7}$	
45	0.02$\dot{2}$	
46	0.0$\dot{2}$173913043478260869565	
47	0.$\dot{0}$21276595744680851063829787234042553191489361$\dot{7}$	
48	0.0208$\dot{3}$	
49	0.$\dot{0}$2040816326530612244897959183673469387755$\dot{1}$	
50	0.02	○

24 0.9999……＝1 ?!

$\frac{1}{3}$ を小数で表すと

$$\frac{1}{3} = 0.3333\cdots\cdots \quad ①$$

のように無限小数になってしまう。ところで、この式を逆転すると

$$0.3333\cdots\cdots = \frac{1}{3} \quad ②$$

となるが、一見自明のようだが、よく考えると、ケッコウ微妙な問題を抱えている。

$$0.3333\cdots = 0.3 + 0.03 + 0.003 + 0.0003 + \cdots\cdots$$
$$= \frac{3}{10} + \frac{3}{100} + \frac{3}{1000} + \frac{3}{10000} + \cdots\cdots$$

$0.3333\cdots$をこのように、無限につづく和の形で表すことができる。それぞれの数は、小さいながら正の数なので、無限に加えたら限りなく大きくなるような気もする。しかし、②は、無限に加えても一定の値 $\frac{1}{3}$ に落ち着くと主張しているのだ。このように、無限がからむと、完全に納得できない気分が残る。

ところで、②の両辺に3をかけてみよう。

$$0.9999\cdots\cdots = 1 \quad ③$$

あれ、何かおかしい。

$0.9 < 1$

$0.99 < 1$

塵も積もれば山となる？？

0.999 ＜ 1

　　　0.9999 ＜ 1

　　　……………………

　　　0.9999………9 ＜ 1

このように、9がどこまでつづいてもぴったり1にはならない。

　②の式が正しいとすると③の式も正しいことになる。また、③の式が怪しい式だとすると②の式も怪しくなってくる。これは困った。

　では逆に0.9999……＜1とすると、この式の左辺と右辺の差はどれくらいか求めてみよう。

　　　　　1.00000……（どこまでもつづく）
　　　－）0.99999……（どこまでもつづく）
　　　　　0.00000……（どこまでもつづく）

　0.00000……＝0だから、差は0である！ということは、③は、見かけはおかしい式だが、正しい式であると結論せざるを得ない。③の式が正しい式であるとすると②の式もやっぱり正しい式であることがわかる。

　しかし、0.3333……×3の計算は、3を無限に分配しなければならないし、1－0.9999……は、1を無限に繰り下げなければならない。

　　　　0.3333……　　　　　　1.0000……
　　　×　　 3　　　　　　　－0.9999……
　　　　0.9999……　　　　　　0.0000……

　これは、仮に「無限につづける作業が完成したとする」という条件の下で、はじめてできる計算だ。そんなことは人間には不可能なので、無限に接するときは、空想力を働かせるか、よほど数学を勉強するか、あるいは神様になったような気持ちで臨まなければならない。

25 無理数はふらふらする数?

1×1.5の長方形をなるべく大きな正方形でしきつめる時は、一辺0.5の正方形が最大になる。

だから、縦の長さを1として、横の長さがいくらでも、適当な大きさの正方形でしきつめることができる、… というのはウソ。でも、一辺の長さをどんなに小さくしてもよいと思うと、できそうな気がする?

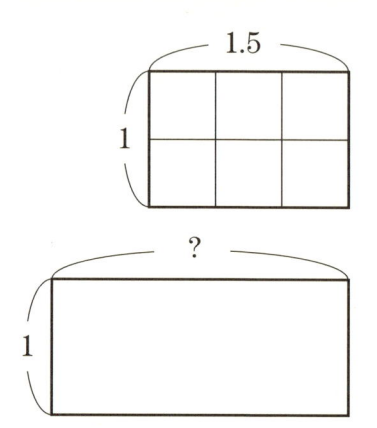

ピタゴラス（570頃～490頃B.C.）が活躍したギリシャ時代でさえ、"できる"と思い込んでいた。この"できる"とは、"どんなふたつの長さも整数値の比で書ける"ということだ。もっと言うと、"どんな長さも分数で表される"という考え。

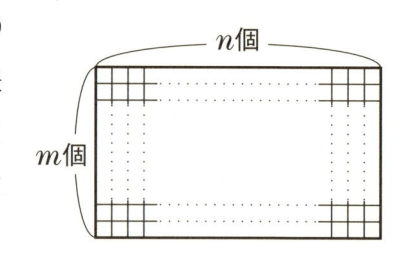

ところが、異常事態が発生していた。

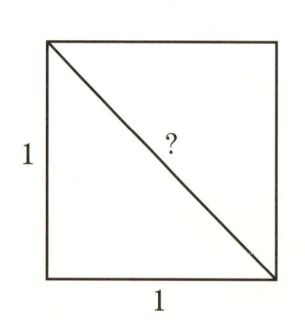

正方形の対角線の長さは、どうやっても分数で表すことができないのだ。でも、その長さはそこに"実在"するということが彼らを悩ませた。ピタゴラスはこの発見を極秘事項として、弟子たちに口止めをしたと言われている。

さて、どんな分数（有理数）も循環小数になるし、どんな循環小数も分数で表される。

たとえば　$0.2\underbrace{142857}_{\text{循環}}142857\cdots$ は $\dfrac{3}{14}$

とピタッと分数で書ける。

どこまでいっても、循環しない小数は、分数に直せない。

そういう数を無理数と言う。その代表格が $\sqrt{2}$ で、

$$\begin{aligned} 1000000S &= 214285.7142857\cdots \\ -)\quad S &= 0.2142857\cdots \\ \hline 999999S &= 214285.5 \\ \therefore S &= \dfrac{2142855}{9999990} = \dfrac{3}{14} \end{aligned}$$

2乗すると2になる数だ。一辺1の正方形の対角線が、ピタゴラスを悩ませた $\sqrt{2}$ である。$\sqrt{2}$ を小数点以下200桁まで表すと、

$\sqrt{2}\ =\ 1.41421356237309504880168872420969807856967187537694$
$80731766797379907324784621070388503875343276415727350138462$
$30912297024924836055850737212644121497099935831413222665927$
$5055927557999505011527820605 7147\cdots$

となるが、まだまだ"ふらふら"してピタッと定まる気配がない。そこで「無理数はふらふらしてピタッと定まらない数」などと誤解されたりする。しかし正方形の対角線は実在し、その長さはピタッと決まっているのだから心配することはない。一辺を1としたときに対角線は分数で表せないだけのことだ（これが、大変重要なのだが）。

ちなみに、対角線の長さを1とすると、一辺は $\dfrac{\sqrt{2}}{2}$ となり、無理数に変身（変心？）！

ちょっとひと言

　現代でも「5＋7というのは鳩の数だろうか、それとも帽子の話なのだろうか」と悩む子どもがいる。そういう子どもには標準的な具体例で考えること、特に本書でも随所で利用している

　　　タイル　□□□□□　□□□　……

で考えることをすすめるとよい。タイルは具体的でありながら、数えられるものの個性をみごとに消しているので、抽象的・一般的な数の概念を育てる道具として、なかなかの「すぐれもの」である。

　このような標準モデルは、「標準的な場合を扱う」という数学の「規範性」とも相性がよいけれど、規範性の裏にある

　　　標準的な場合しか扱えない

という数学の限界も、忘れるわけにはいかない。たとえば現れては消えるあぶくを数えるとか、くっついては離れる雲の数を加えたりするのは「数学の手の届かない世界」と考えた方がよい。数学は、

　　　正確に扱えることに限って、正確な結論を出す

のを期待されているので、それで信頼を得ているのだから、限度を超えた応用は戒めなければならないのである。だから

　　　「1＋1＝2と決めるのはおかしい」

と言う子がいたら、次のように答えるとよい、と私は思う。

　　　「ごめんなさい、数学ではそういう場合しか扱えないのです。
　　　でもそのおかげで、いろんなことがはっきりするんですよ。」

第2章
数と計算の威力

1. 予測と確率
2. 比率の推定
3. 複利計算
4. 指数計算
5. 指数と対数
6. 計算尺
7. わからないものに名前をつける
8. 方程式、連立1次方程式
9. 座標の考え：関数を眼で見る
10. 2次方程式と解の公式
11. 3次、4次の方程式の解の公式
12. 5次以上の代数方程式の解の公式はない！
13. 方程式の数値解法
14. 平方根の計算法
15. 立方根の計算法
16. ベクトルとその応用

いろいろな人に、学校の勉強がどんな風に役に立ったかを聞いてみると、
　　　「ぜんぜん役に立たなかった」
という人が少なくない。また
　　　「お釣りの計算に役に立った」
　　　「ファーストフードのカタカナ語がわかった」
等々の実益を強調する人もいる。
　「ぜんぜん役に立たなかった」という人でも、お釣りの計算はたぶん上手にやっているので、「そんなのは勉強のうちに入らない」ということであろうか。ファーストフードで使われる程度の英語やフランス語は、もとの意味など知らなくても確実に生きていかれるし、それがわかったところで「ものの見方が幅広くなる」とも思えないので、これも「たいして役に立っていない」と言えるであろう。
　英語がほんとうに役立つのは
　　　「英語の本が読める」
とか
　　　「英会話ができる」
という水準に達したときなので、そこではじめて
　　　「人生を豊かにするために、役立つ」
ようになる。数学でも、たとえば「公式の証明」を通じて学ぶ
　　　論理的で緻密な考え方
や

むずかしい問題にねばり強く取り組む情熱
がほんとうに役に立つのであって、それを身につけられなかった人が
「あんな公式は教える必要がない」などと言うのは、一番大事なこと
がわかっていない証拠なのである。昔ある老人がベートーヴェンの音
楽を聴いて「これが音楽かね。まるでニワトリのケンカだ」と言った
というが、私はその話を思い出してしまう。
　さてこの章では、数学の応用に眼を向けることにした。しかし、
「日常生活でただちに役立つような小話集」にはしたくなかった。そ
の理由は、そこにだけ眼が行ってしまうと、上に述べた「数学がほん
とうに役立つところ」を見逃しかねないからである。
　そうは言っても、いきなり抽象的な応用から入るのでは、すぐに嫌
われてしまう。そこでまず「予測」とか「複利計算」から入り、以下
「わからないものに名前をつける」、「座標とグラフ」……と進めるこ
とにした。しかし「日常生活とのかかわり」は急速に間接的になり、
そのぶん話が抽象的になってくる。特に2次方程式から3次、4次の方
程式の解法を扱った10項から15項あたりは、かなりのところまで進
んでしまうので、おもしろそうなところだけゆっくりと、あとは立ち
止まらずに、適当に拾い読みをしていただきたい——フランスの数学
者ダランベール（1717〜1783）は言いました。
　　　　　　前に進め！　自信はあとからついてくる！

01 予測と確率

　私たちは必然と偶然にとり囲まれて生活している。人生双六という言葉があるように、人生そのものが必然と偶然のくり返しと言えるかもしれない。大学受験の時、模擬試験を受けると「あなたの合格率は50％」などという結果が出るが、こうなると人間がサイコロになっているようなものだ。

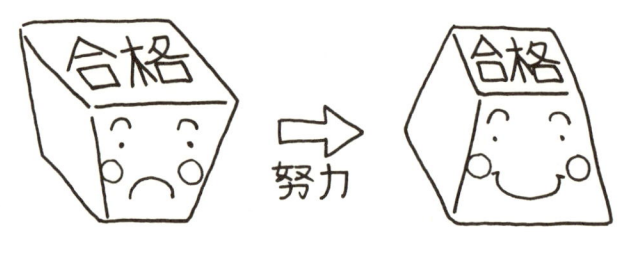

合格の目が出にくいサイコロ　　　合格の目が出やすいサイコロ

　さて、起こるかどうか運次第という偶然性までも数字で表してしまうのが確率。確率論は、パスカル（Blaise Pascal　1623〜1662）がフェルマー（Pierre de Fermat　1601〜1665）との間でかわした賭け事に関する往復書簡の中から生まれたという。

◉大数（たいすう）の法則と一発勝負

　正しく作られたサイコロを投げるとき、1の目が出る確率は$\frac{1}{6}$である。これは6回投げればそのうち1の目が必ず1回出るということではない。実際にやってみれば6回中1の目が2回出ることもあるし、1回も出ないこともある。ところが多数回（N回）投げたとき1の目が

出る回数（r回）の割合 $\frac{r}{N}$ は限りなく $\frac{1}{6}$ に近づく。これを大数の法則と言うのだが、「確率 $\frac{1}{6}$」は $\frac{r}{N}$ が N を大きくしていくとどんどん近づいていく目標値である。

しかし現実問題としては、サイコロにしろ宝くじにしろ、何千回、何万回と一人で繰り返すわけにはいかない。多くの場合はいわゆる一発勝負。

一発勝負の場合、確率はどんな意味を持つかというと、起こりやすさの「目安」として予測に使っている。

◉ところで問題を一つ

「硬貨を4回投げて、表が2回出る確率は？」
即座に $\frac{1}{2}$ と答える人が多い。ところがこれは間違い。

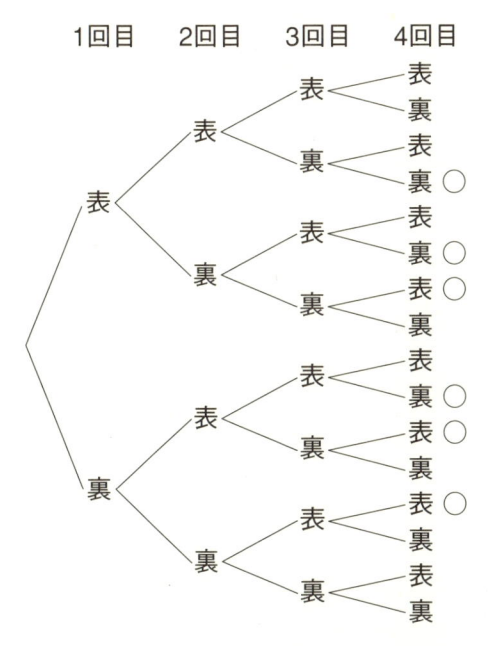

起こり得る場合は左の16本の枝で表すことができる。各枝の確率は

$$\frac{1}{2} \times \frac{1}{2} \times \frac{1}{2} \times \frac{1}{2} = \frac{1}{16}$$

という「かけ算」で計算でき、表が2回の場合は○印のときだから $\frac{1}{16}$ を6個「たし算」で計算し、結局 $\frac{6}{16} = \frac{3}{8}$ が正解。確率の計算でもかけ算やたし算が活躍する。

02 比率の推定

　虹マスがたくさん生息している湖がある。ところが、地元の漁師によれば、最近、漁獲高が激減しているという。しかし、この湖は広く深いので、いったい何匹いるのか見当もつかない。この湖の虹マスの数を次のように推定してみた。

①はじめに1000匹の虹マスを捕獲し、印をつけて再び湖に放す。

②しばらくたってから、湖のあちこちで400匹の虹マスをサンプルとして捕獲して、印のある魚を数えたら40匹だった。

$$(\text{印のついた虹ますの比率}) = \frac{40}{400} = 0.1$$

ということになる。はじめに印をつけた虹マスは1000匹だから、湖全体の虹マスの数をNとすると

$$\frac{1000}{N} = 0.1 \quad \text{これを解いて} \quad N = 10{,}000$$

　よって、湖にすむ虹マスは、およそ1万匹であることがわかった。

　この推定の仕方は、素朴で簡単だが、ある条件を満たしていなければ有効でない。その条件とは「印のついた魚と印のついていない魚がよく混ざり合って、印のついた魚がどこでも同じ比率で住んでいる」ということである。

　実際には、場所や時間によってこの比率が若干散らばるのがふつうである。この比率の散らばりを考慮に入れた推定には次のような方法

がとられている。

虹マスに「印のないものを 0、印のあるものを 1」という数値 X を与えると、$n = 400$（匹）のサンプルから次の表が得られる。

X（値）	0	1	計
f（該当数）	360	40	400匹

比率 R の分布図

これにより、平均 p と標準偏差 s を求めると

$p = 0.1, \quad s = 0.3$

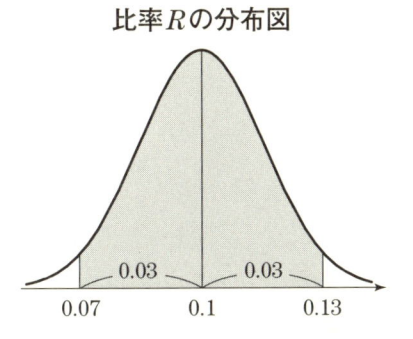

となる。すると問題の比率の散らばり具合は、上図のような釣鐘形の曲線（正規分布曲線）になることが知られている。この分布曲線の性質により、問題の比率 R は、偶然的な散らばりであれば 95％の確かさで

$$p - \frac{2s}{\sqrt{n}} \leqq R \leqq p + \frac{2s}{\sqrt{n}}$$

の範囲に入ることが言える。上の値をあてはめて計算すると

$0.07 \leqq R \leqq 0.13$

湖全体の虹マスの数 N は

$$\frac{1000}{N} = R \quad \text{より} \quad N = \frac{1000}{R}$$

で求められ、これより

$7,692$（匹）$\leqq N \leqq 14,286$（匹）

と推定される。

以上の用語や方法について、くわしいことは〈確率・統計〉を学んでください。

03 複利計算

A円借りて、一定期間たってついた利息が、元金にくり入れられ、次の期間にはそれにも利息がつくという計算法。

たとえば、年利 r で一年複利で A 円借りると

借りた　A円
1年後　$A(1+r)$ 円
2年後　$(A(1+r))(1+r) = A(1+r)^2$ 円
⋮
n 年後　$A(1+r)^n$ 円

これを、具体的数値で、表してみた。

たとえば、年利4％で10年借りると、1.480倍になる。100万円なら148万円になる。年利0.5％で預けると10年で1.051倍にしかならない。

	年利0.5％	年利1％	年利2％	年利4％	年利6％	年利10％	年利12％	年利14％
1年後	1.005	1.010	1.020	1.040	1.060	1.100	1.120	1.140
2年後	1.010	1.020	1.040	1.082	1.124	1.210	1.254	1.300
3年後	1.015	1.030	1.061	1.125	1.191	1.331	1.405	1.482
4年後	1.020	1.041	1.082	1.170	1.262	1.464	1.574	1.689
5年後	1.025	1.051	1.104	1.217	1.338	1.611	1.762	1.925
6年後	1.030	1.062	1.126	1.265	1.419	1.772	1.974	2.195
7年後	1.036	1.072	1.149	1.316	1.504	1.949	2.211	2.502
8年後	1.041	1.083	1.172	1.369	1.594	2.144	2.476	2.853
9年後	1.046	1.094	1.195	1.423	1.689	2.358	2.773	3.252
10年後	1.051	1.105	1.219	1.480	1.791	2.594	3.106	3.707
11年後	1.056	1.116	1.243	1.539	1.898	2.853	3.479	4.226
12年後	1.062	1.127	1.268	1.601	2.012	3.138	3.896	4.818
13年後	1.067	1.138	1.294	1.665	2.133	3.452	4.363	5.492
14年後	1.072	1.149	1.319	1.732	2.261	3.797	4.887	6.261
15年後	1.078	1.161	1.346	1.801	2.397	4.177	5.474	7.138

年利0.5％＝0.005は銀行に預けるときの利息、年利4％＝0.04は銀行から借りたとき、年利14％＝0.14はサラ金から借りた時の金利に近い（2001年時）。次第に腹が立ってきませんか？

こんどは、コツコツと毎月、A円ずつ半年積み立てたときの元利合計を計算しよう。

月利rで1ヵ月複利とする。

```
            A円    A(1+r)   A(1+r)²   A(1+r)³   A(1+r)⁴   A(1+r)⁵   A(1+r)⁶
1回目 •————————————————————————————————————————————————————————————•
                   A円     A(1+r)   A(1+r)²   A(1+r)³   A(1+r)⁴   A(1+r)⁵
2回目        •————————————————————————————————————————————————————•
                            A円    A(1+r)   A(1+r)²   A(1+r)³   A(1+r)⁴
3回目                •————————————————————————————————————————————•
                                    A円    A(1+r)   A(1+r)²   A(1+r)³
4回目                        •————————————————————————————————————•
                                            A円    A(1+r)   A(1+r)²
5回目                                •————————————————————————————•
                                                    A円    A(1+r)
6回目                                        •————————————————————•
                                                            ↑
                                                     この合計を受けとる
```

半年後に受けとる元利合計は、

$A(1+r) + A(1+r)^2 + A(1+r)^3 + A(1+r)^4 + A(1+r)^5 + A(1+r)^6$

$= A(1+r)(1+(1+r)+(1+r)^2+(1+r)^3+(1+r)^4+(1+r)^5)$

$= A(1+r)\dfrac{(1+r)^6-1}{1+r-1} = A(1+r)\dfrac{(1+r)^6-1}{r}$ となる。

なぜ？　等比数列の和は $1+x+x^2+x^3+\cdots+x^{n-1} = \dfrac{x^n-1}{x-1}$ だから。

なぜ？　$(x-1)(1+x+x^2+\cdots+x^{n-1})$ を展開すると x^n-1 になるから。

毎月1万円ずつ、月利0.05％＝0.0005では上の式より

$10000 \times 1.0005 \times \dfrac{1.0005^6-1}{0.0005} = 60105$（円）となる。

nヵ月あとなら、「6」をnとして考えるとよい。

04 指数計算

　麻雀の点数を数えるとき指を折り曲げながら、「ニー、ヨン、パー、イチロク、ザンニー、ロクヨン、イチニッパ、ニゴロ、ゴイチニ、満貫」などと唱えることがある。これは

$$1,\ 2,\ 4,\ 8,\ 16,\ 32,\ 64,\ 128,\ 256,\ 512, \cdots\cdots$$

2倍 2倍 2倍…

という、2倍、2倍のくり返しによる数値を求めていることはご存じの通りである。これらを1から順に

$$2^0,\ 2^1,\ 2^2,\ 2^3,\ 2^4,\ 2^5,\ 2^6,\ 2^7,\ 2^8,\ 2^9, \cdots\cdots$$

と表し、2^n は「2のn乗」と読む。そして肩の上に乗ったnのことを指数と言う。また土台にする2のことを底とよぶ。

　2^n を電卓で計算する方法がある。

　　　$\boxed{2}$ $\boxed{\times}$ $\boxed{\times}$ と $\boxed{\times}$ のキーを2度押し、そのあと

　　　$\boxed{=}$　　表示は4

　　　$\boxed{=}$　　表示は8

　　　$\boxed{=}$　　表示は16

と $\boxed{=}$ キーだけを押していけばいい（機種によっては $\boxed{\times}$ は1回だけでもよい）。

　なにしろ、2倍、2倍、……であるからどんどん大きくなる。

　　　$2^{10} = 1024$

　　　$2^{20} = 1048576$

　　　$2^{30} = 1073741824$

第2章 数と計算の威力

底が1.1のときは

$1.1^2 = 1.21$
$1.1^3 = 1.331$
$1.1^4 = 1.4641$

$\Big\}\times 1.1$
$\Big\}\times 1.1$

と、のんびり増えていくように見えるが、しばらくするとびっくりするほど大きくなる。これが借金地獄のもとになる。

友人の黒田俊郎さんから聞いた一杯飲み屋での会話。

「電話するから10円貸してくれ。」

「いいよ、利息は10分で1割。」

「ありがとう。明日返すよ。」

黒田さんは家に帰って計算してみた。

もし1日借りると、24時間=1440分だから

$$10 \times 1.1^{144} = 10 円 \times 913159.5445 = 約900万円!!$$

これは数の魔術でも何でもない、厳然たる事実。

一般に a^n は、n が1増えると全体は a 倍になるのだから

$$a^{n+1} = a^n \times a$$

である。さらに

$$a^{n+m} = a^n \times a^m, \quad (a^n)^m = a^{nm}, \quad (ab)^n = a^n b^n$$

という関係式ができ、これらは指数法則とよばれている。

〈補足〉

電卓で 1.1^{144} をどのように求めるかもおもしろい問題である。$\boxed{1}\boxed{\cdot}\boxed{1}\boxed{\times}\boxed{\times}$ として $\boxed{=}$ キーを143回たたくと、電卓によって四捨五入などの仕方が違うらしく、$1.1^{144} = 913159.5258$ となるものもある。なお、143回もたたかない工夫も考えてみてください（ヒント：多くの電卓で $\boxed{\times}\boxed{=}$ と押すと表示窓の数値が2乗される）。

05 指数と対数

🟦 対数とは

対数は、一見難しげな記号 $\log_a M$ で表される。このとき a を底、M を真数とよぶ。さて、この記号は何を表しているのだろうか。

それは

$\log_a M$ ……真数 M は底 a の何乗か？

ということを聞いているのである。たとえば、

$\log_2 8$ …… $8 = 2^\square$ ？

この □ の中には 3 が入るので

$\log_2 8 = 3$ （$8 = 2^3$ より）

ということになる。この値 □ = 3 を対数と言う。同様にして

$\log_3 9 = 2$ （$9 = 3^2$ より）

$\log_{10} 100000 = 5$ （$100000 = 10^5$ より）

となる。いろいろな底の対数があるが、我々のふだん使っている計算が 10 進法であるという事情から底が 10 の対数がよく使われ、この対数を常用対数とよぶ。常用対数では、底を省略することが多い。

次の表は、常用対数表の一部である。たとえば、表より

$\log 1.43 = 0.1553$（または $1.43 = 10^{0.1553}$）と読み取れる。

常用対数表： 1.43 に対する値は、1.4 の行の 3 の列にある

数	0	1	2	3	4	5	6	7	8	9
1.0	.0000	.0043	.0086	.0128	.0170	.0212	.0253	.0294	.0334	.0374
1.1	.0414	.0453	.0492	.0531	.0569	.0607	.0682	.0645	.0719	.0755
1.2	.0792	.0828	.0864	.0899	.0934	.0969	.1004	.1038	.1072	.1106
1.3	.1139	.1173	.1206	.1239	.1271	.1303	.1335	.1367	.1399	.1430
1.4	.1461	.1492	.1523	.1553	.1584	.1614	.1644	.1673	.1703	.1732
1.5	.1761	.1790	.1818	.1847	.1875	.1903	.1931	.1959	.1987	.2014
1.6	.2041	.2068	.2095	.2122	.2148	.2175	.2201	.2227	.2253	.2279
1.7	.2304	.2330	.2355	.2380	.2405	.2430	.2455	.2480	.2504	.2529
1.8	.2553	.2577	.2601	.2625	.2648	.2672	.2695	.2718	.2742	.2765
1.9	.2788	.2810	.2833	.2856	.2878	.2900	.2923	.2945	.2967	.2989
2.0	.3030	.3032	.3054	.3075	.3096	.3118	.3139	.3160	.3181	.3201
2.1	.3222	.3243	.3263	.3284	.3304	.3324	.3345	.3365	.3385	.3404
2.2	.3424	.3444	.3464	.3483	.3502	.3522	.3541	.3560	.3579	.3598
2.3	.3617	.3636	.3655	.3674	.3692	.3711	.3729	.3747	.3766	.3784
2.4	.3802	.3820	.3838	.3856	.3874	.3892	.3909	.3927	.3945	.3962

◉対数は巨大な数を調べる「望遠鏡」

　2^{100} を計算してみよう。筆算でやったら途中で嫌になるし、電卓でやっても途中でオーバーフローしてストップしてしまう。このような巨大な数は、対数の力を借りてスイスイとやりたいものである。

　常用対数表より

　　$\log 2 = 0.3010$　　すなわち　　$2 = 10^{0.3010}$

したがって

　　$2^{100} = (10^{0.3010})^{100} = 10^{30.1}$

　　　　$= 10^{0.1} \times 10^{30}$

となる。ところで表より

　　$\log 1.26 ≒ 0.1$　　すなわち　　$10^{0.1} ≒ 1.26$

である。よって

　　$2^{100} ≒ 1.26 \times 10^{30}$

　　　　$= 12600000000000000000000000000000$（28個の0）

となる。このように、2^{100} は「10進法で31桁にもなる大きな数である」ことがわかる。同様にして、対数は微小な数を調べる「顕微鏡」にもなる。

◉対数計算の威力

　$\sqrt[12]{2}$ すなわち12乗して2になる正の数を求めてみよう。対数を知らない人はどうしたらよいか、悩むだろうと思う（97ページ参照）。

　常用対数表より $\log 2 = 0.3010$　　すなわち　　$2 = 10^{0.3010}$

したがって

　　$\sqrt[12]{2} = 2^{\frac{1}{12}} = (10^{0.3010})^{\frac{1}{12}} ≒ 10^{0.0251}$

　ところで、表より $\log 1.06 ≒ 0.0251$　　すなわち　　$10^{0.0251} ≒ 1.06$ である。よって $\sqrt[12]{2} ≒ 1.06$ となる。

　「対数の発明は天文学者の仕事を軽減し、その人生を長引かせた」と言ったフランスの数学者ラプラスの気持ちをわかってほしい。

06 計算尺

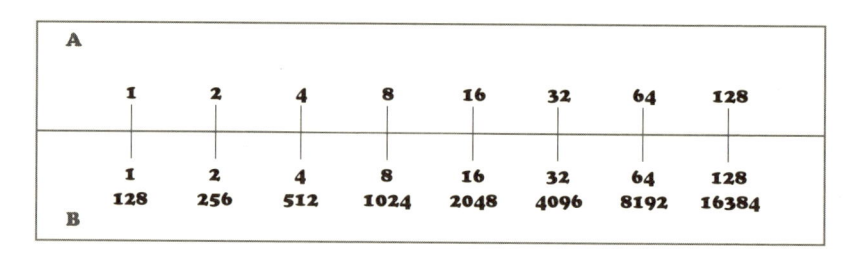

```
A
    1    2    4    8    16   32   64   128
    |    |    |    |    |    |    |    |
    |    |    |    |    |    |    |    |
    1    2    4    8    16   32   64   128
   128  256  512 1024 2048 4096 8192 16384
B
```

まず、$2^m \times 2^n$ ができる計算尺。

[使い方]

● 4×8 を求める

① A尺の1をB尺の4に合わせる。

② A尺の8の下のB尺の値を見る。

A尺の「1」をB尺の「4」に　「8」の下を見る

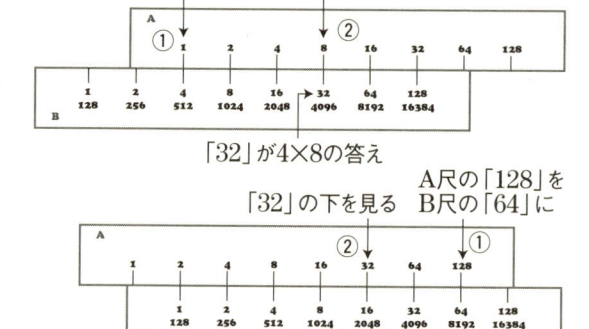

「32」が4×8の答え

● 64×32 を求める

① A尺の1をB尺の64に合わせる

A尺の「128」をB尺の「64」に

「32」の下を見る

答え

と、32の下がないのでA尺の128を64に合わせる。

② A尺の32の下のB尺の下段を見る。$64 \times 32 = 2048$

[原理] $\log_2 n$ の長さのところに、n を目盛っている。

たとえば、$\log_2 1 = 0$ だから、0のところに「1」、$\log_2 2 = 1$ だから1のところに「2」、$\log_2 4 = 2$ だから、2のところに「4」……、$\log_2 128 = 7$ だから7のところに「128」。すると"対数の法則"から $\log_2 4 + \log_2 8 = \log_2 (4 \times 8)$ なので、$2 + 3 = 5$ のところに、ちょうど $4 \times 8 = 32$ が目盛られている。

不思議だなぁー。

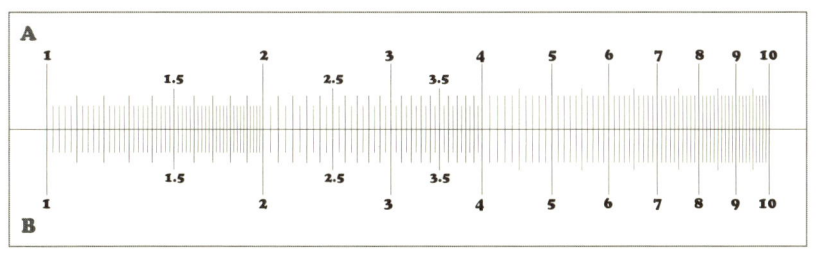

次は万能計算尺。

（拡大コピーして作って！）

[使い方]

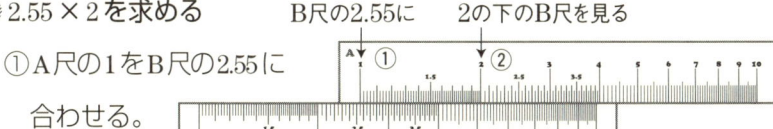

● 2.55×2を求める

①A尺の1をB尺の2.55に合わせる。

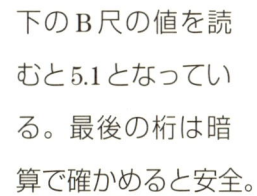

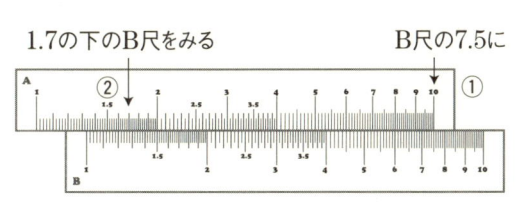

②A尺の2の下のB尺の値を読むと5.1となっている。最後の桁は暗算で確かめると安全。

● 7.5×1.7を求める

①A尺10をB尺7.5に合わせる。

②A尺の1.7の下を見る。12.7？位で、5×7＝35だから、最後の桁は「5」で12.75。

[原理] $\log_{10} n$ の長さのところに、n を目盛っている。原理は前と同じ。

　一昔前、科学者、教師、技師etcは、いつも携帯していた必需品。こう言っても、今ではほとんど信じてもらえない。大きい文房具店でも「計算尺、下さい」と言うと、店員さんが「ハー？」と言う。映画「アポロ13号」で管制官が必死に計算尺で計算している姿があった。計算尺も、人間を月へ送る手助けをしたのだ。

07 わからないものに名前をつける

　数式を見ると自分とは縁遠いものに見えるという人が多いが、これはもっともなことで、その数式の意味するものが理解できなければ単なる記号の羅列にすぎない。

　もう一つ、数式ではa, b, cとかx, y, zなどの文字が出てくるから嫌だという人も多い。

　そのような方へのおすすめ

　"文字が出てきたら、数を入れる袋か箱だと思え"

　たとえば、もしも

$$x^2 + 3x - 4 = 0$$

という式が出てきたら

$$\boxed{x}^2 + 3 \times \boxed{x} - 4 = 0 \qquad ①$$

と思う。また

$$(a+b)^2 = a^2 + 2ab + b^2$$

という式を見たら

$$(\boxed{a}+\boxed{b})^2 = \boxed{a}^2 + 2 \times \boxed{a} \times \boxed{b} + \boxed{b}^2 \qquad ②$$

と思う。さらに

$$y = 2x + 5$$

という式だったら

$$\boxed{y} = 2 \times \boxed{x} + 5 \qquad ③$$

と見直す。

そしてもう一つのおすすめ。

"箱の中にどんな数が入るか考える"

たとえば①の箱には1は入れてよいが、2を入れると成り立たない。

また②の a、b の箱はどんな数を入れても成り立つ。

さらに③は、x の箱にはどんな数を入れてもいいが、その一つ一つの場合に y の箱の数は決まってしまう。

すると数式のねらいが見えてくる。ねらいのちがいに応じて、数学では次の（ ）内のようなよび方をする。

①は箱の中に入れてよい数をさがすことがねらい（方程式）

②はどんな数を入れても成り立つ関係を記述（恒等式）

③は x と y の従属関係を述べている（関数）

「ツルとカメが合わせて10匹います。足の数は全部で24本です。ツルとカメはそれぞれ何匹でしょう。」

これは昔から有名なツルカメ算とよばれる問題だが、次のように数式を使って解くことができる。

ツルを x 匹とするとカメは $10-x$ 匹。

足の数はそれぞれ $2x$ 本、$4(10-x)$ 本だから
$$2x + 4(10-x) = 24$$
$$2x + 40 - 4x = 24$$
$$-2x = -16$$
$$x = 8$$

よって、ツルが8匹、カメは2匹。

これは①の代表的な例で、この使い方の x を未知数と言う。

08 方程式、連立1次方程式

◉等式

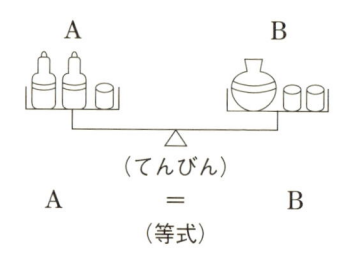

方程式は等式の形で定式化される。等式の性質はてんびんのイメージから自然に導かれる。

たとえば、「両辺に同じ数をたしても、ひいても等号は成り立つ」という性質は、てんびんの両側に同じ重さのものを加えても、取り去っても、つり合いは保てるという事実から抵抗なく納得できる。

◉未知数

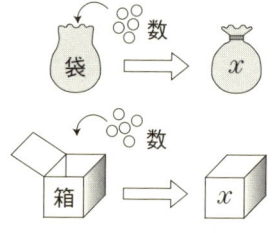

方程式は必ず未知数をともなっている。未知数は「どんな数だかわからないが、とりあえず x と名前をつけて考えよう」ということで登場させたものである。

この未知数 x は、何かある数が入っている「袋」か「箱」をイメージするとよいだろう。

◉1次方程式

「ある数を3倍して2をたしたら14になった。その数はいくらか？」という問題を、袋の絵を描いて解いてみよう。

問題を定式化すると 　x x x ○○ ＝ ○○○○○○○○○○○○○○

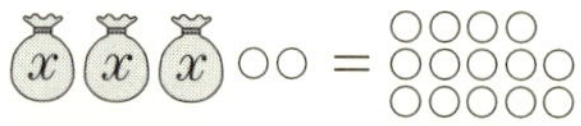

両辺から2をとると 　x x x ＝ ○○○○○○○○○○○○

両辺を3でわると 　x ＝ ○○○○　よって、その数は4である。

これを文字xを使って解くと次のようになる。

問題を定式化すると　　　$3x + 2 = 14$

両辺から2をひくと　　　　$3x = 12$

両辺を3でわると　　　　　　$x = 4$

よって、その数は4である。

このように代数の計算では、絵を描いて計算する具体的なレベルと文字を自在に使って計算する抽象的レベルがある。大切なことはこの具体と抽象の世界を、いつでも自由に行き来できることである。

◉連立1次方程式

未知数が2つある場合では、2つの方程式がないと未知数を決定できない。

未知数をx, yとする連立1次方程式 $\begin{cases} 3x + y = 11 \\ x + y = 5 \end{cases}$ を解いてみよう。

未知数x, yを2種類の箱で表し、その絵を描いて解いてみる。

$$\boxed{x}\boxed{x}\boxed{x} + \boxed{y} = \underset{\circ\circ\circ}{\circ\circ\circ\circ} \quad \cdots\cdots ①$$

$$\boxed{x} + \boxed{y} = \circ\circ\circ\circ\circ \quad \cdots\cdots ②$$

①から②をひくと　$\boxed{x}\boxed{x} = \circ\circ\circ\circ\circ\circ$

両辺を2でわって　　　　$\boxed{x} = \circ\circ\circ$

これを②にあてはめ　　　$\boxed{y} = \circ\circ$

これより$x = 3, y = 2$となる。

未知数が3つになったら、もう一種類、箱を増やせばよい。このように箱をイメージすれば、連立方程式もこわくない。

09 座標の考え：関数を眼で見る

x	x^3-4x^2-x+8
-2.0	-14
-1.6	-4.736
-1.2	1.712
-0.8	5.728
-0.4	7.696
0	8
0.4	7.024
0.8	5.152
1.2	2.768
1.6	0.256
2.0	-2
2.4	-3.616
2.8	-4.208
3.2	-3.392
3.6	-0.784
4.0	4
4.4	11.344
4.8	21.632
5.2	35.248
5.6	52.576
6.0	74
6.4	99.904

$f(x) = x^3 - 4x^2 - x + 8$ の x にいろいろな値を入れた時の $f(x)$ の値の対応表は左のようになる。これをジーッと見てもどんな変化をしているのかわかりにくい。これを、xy 座標平面にこまかく点をとってつなげると、右のようになる。ホーッ、こうなっているのか。

$f(x) = \sin x$ についても、表を見たのでは、キレイな変化がわからない。座標平面に描くと、サインカーブ。

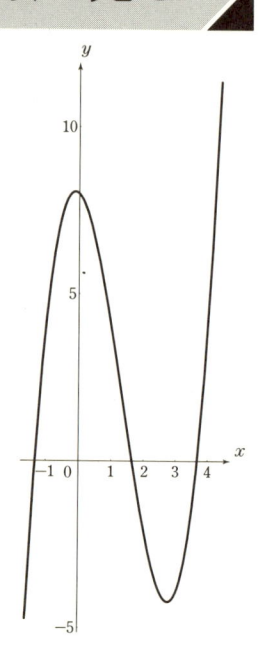

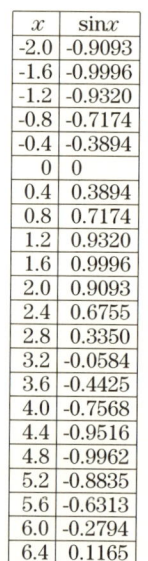

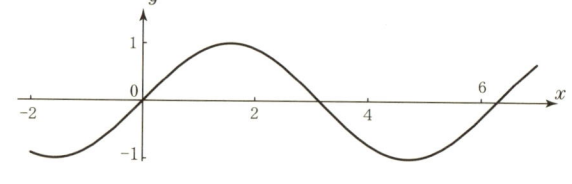

x	$\sin x$
-2.0	-0.9093
-1.6	-0.9996
-1.2	-0.9320
-0.8	-0.7174
-0.4	-0.3894
0	0
0.4	0.3894
0.8	0.7174
1.2	0.9320
1.6	0.9996
2.0	0.9093
2.4	0.6755
2.8	0.3350
3.2	-0.0584
3.6	-0.4425
4.0	-0.7568
4.4	-0.9516
4.8	-0.9962
5.2	-0.8835
5.6	-0.6313
6.0	-0.2794
6.4	0.1165

今では「そんなのみんな知ってるヨ」ということになるが、座標の考えがでてきたのは、17世紀。日本で言えば、徳川幕府が安定してきたころ。デカルト（1596〜1650）が、負の数をちゃんと解釈し、関数の概念、座標の考えを導入した。

負の数を含め、数を眼で見えるように図形的に表現するということに、人間は数千年かかった。

第2章 数と計算の威力

y \ x	-2.0	-1.6	-1.2	-0.8	-0.4	0	0.4	0.8	1.2	1.6	2.0
-2.0	-0.9514	-0.8363	-0.6901	-0.5508	-0.4518	-0.4161	-0.4518	-0.5508	-0.6901	-0.8363	-0.9514
-1.6	-0.8363	-0.6380	-0.4161	-0.2163	-0.0784	-0.0292	-0.0784	-0.2163	-0.4161	-0.6380	-0.8363
-1.2	-0.6901	-0.4161	-0.1259	0.1282	0.3011	0.3624	0.3011	0.1282	-0.1259	-0.4161	-0.6901
-0.8	-0.5508	-0.2163	0.1282	0.4254	0.6260	0.6967	0.6260	0.4254	0.1282	-0.2163	-0.5508
-0.4	-0.4518	-0.0784	0.3011	0.6260	0.8442	0.9211	0.8442	0.6260	0.3011	-0.0784	-0.4518
0	-0.4161	-0.0292	0.3624	0.6967	0.9211	1.0000	0.9211	0.6967	0.3624	-0.0292	-0.4161
0.4	-0.4518	-0.0784	0.3011	0.6260	0.8442	0.9211	0.8442	0.6260	0.3011	-0.0784	-0.4518
0.8	-0.5508	-0.2163	0.1282	0.4254	0.6260	0.6967	0.6260	0.4254	0.1282	-0.2163	-0.5508
1.2	-0.6901	-0.4161	-0.1259	0.1282	0.3011	0.3624	0.3011	0.1282	-0.1259	-0.4161	-0.6901
1.6	-0.8363	-0.6380	-0.4161	-0.2163	-0.0784	-0.0292	-0.0784	-0.2163	-0.4161	-0.6380	-0.8363
2.0	-0.9514	-0.8363	-0.6901	-0.5508	-0.4518	-0.4161	-0.4518	-0.5508	-0.6901	-0.8363	-0.9514
2.4	-0.9998	-0.9671	-0.8968	-0.8186	-0.7593	-0.7374	-0.7593	-0.8186	-0.8968	-0.9671	-0.9998
2.8	-0.9555	-0.9965	-0.9955	-0.9738	-0.9514	-0.9422	-0.9514	-0.9738	-0.9955	-0.9965	-0.9555
3.2	-0.9635	-0.9796	-0.9909	-0.9976	-1.0000	-0.9983	-0.9928	-0.9837	-0.9712	-0.9555	-0.9370
3.6	-0.5598	-0.6982	-0.7942	-0.8545	-0.8867	-0.8968	-0.8867	-0.8545	-0.7942	-0.6982	-0.5598
4.0	-0.2379	-0.3933	-0.5109	-0.5917	-0.6384	-0.6536	-0.6384	-0.5917	-0.5109	-0.3933	-0.2379
4.4	0.1205	-0.0305	-0.1511	-0.2379	-0.2900	-0.3073	-0.2900	-0.2379	-0.1511	-0.0305	0.1205
4.8	0.4685	0.3403	0.2332	0.1532	0.1041	0.0875	0.1041	0.1532	0.2332	0.3403	0.4685

$z = f(x, y)$ を2変数関数と言い、x と y の値に対して z の値が決まる。

$z = \cos\sqrt{x^2 + y^2}$ の x, y の値に対する z の値を書いたのが上の表。これを3次元の座標で描くと右のようになる。ワーッ、キレイ。

$z = \sin xy$ のグラフ

$z = \cos\sqrt{x^2 + y^2}$ のグラフ

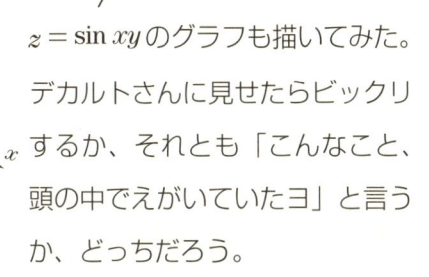

$z = \sin xy$ のグラフも描いてみた。デカルトさんに見せたらビックリするか、それとも「こんなこと、頭の中でえがいていたヨ」と言うか、どっちだろう。

10 2次方程式と解の公式

こんな問題を考えてみよう。

「10mのヒモで長方形を作り、面積を5m²にするには？」

つまり、下の(A)では、4m²、(B)では6m²。

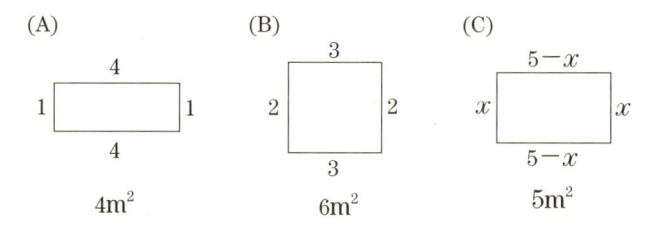

(A)　　　　　(B)　　　　　(C)

```
    4              3            5−x
1 ┌────┐ 1    2 ┌───┐ 2    x ┌────┐ x
  └────┘        └───┘        └────┘
    4              3            5−x
   4m²            6m²           5m²
```

ちょうど5m²になる(C)はどんなときか？という問題である。

たての長さをxmとすると、よこの長さは$(5-x)$mだから

$$x(5-x)=5 \quad ※$$

となるxの値を見つければよいのだが……。

このようなとき、2次方程式の解の公式を使う。

$ax^2+bx+c=0$ $(a \neq 0)$ の形の方程式を2次方程式と言い、その解は

$$x=\frac{-b \pm \sqrt{b^2-4ac}}{2a}$$

である。

※の式は、$x^2-5x+5=0$と整理できるので、この公式により

$$x=\frac{-(-5) \pm \sqrt{25-20}}{2 \times 1}=\frac{5 \pm \sqrt{5}}{2}$$

となる。結局、たて・よこは、約1.38mと約3.62mとなる。

2次方程式の解の公式は、次のようにして導くことができる。

$ax^2 + bx + c = 0$　　　両辺に $4a$ をかける
$4a^2x^2 + 4abx + 4ac = 0$　　　両辺に b^2 をたし $4ac$ を移項
$4a^2x^2 + 4abx + b^2 = b^2 - 4ac$　　　左辺を因数分解
$(2ax + b)^2 = b^2 - 4ac$

よって　$2ax + b = \pm\sqrt{b^2 - 4ac}$
　　　　$2ax = -b \pm\sqrt{b^2 - 4ac}$
　　　　$x = \dfrac{-b \pm\sqrt{b^2 - 4ac}}{2a}$

もう一つの問題。

「ある長方形の紙から、正方形Aを切りとる。残ったBがもとの長方形と相似になるとき、この長方形のたてよこの比は？」

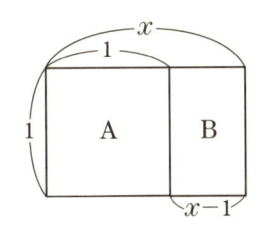

このたてよこの比が有名な黄金比である。

たてを1、よこを x とすると、大小の長方形が相似になるには

　　　　$1 : x = (x-1) : 1$　　（「たて：よこ」が等しい）

よって　　$x(x-1) = 1$

整理すると　　$x^2 - x - 1 = 0$

解の公式を使って

$$x = \dfrac{1 \pm\sqrt{1+4}}{2} = \dfrac{1 \pm\sqrt{5}}{2}$$

$x > 0$ だから　$x = \dfrac{1 + \sqrt{5}}{2} = 1.618\cdots\cdots$

こうして黄金比は $1 : 1.618\cdots\cdots$ であることがわかる。

11 3次、4次の方程式の解の公式

3次方程式 $x^3+3x+2=0$ を解いてみよう。エーッと、左辺を因数分解して……と考えても無駄である。この3次式は簡単には因数分解できない。このような3次方程式は、カルダノ（16世紀のイタリアの数学者）の方法で解くことができる。

$x^3+3x+2=0$ ……①
$x=u+v$ とおくと
$x^3 = u^3+3u^2v+3uv^2+v^3$
$\quad = 3uv(u+v)+u^3+v^3$
$\quad = 3uvx+u^3+v^3$
$x^3-3uvx-(u^3+v^3)=0$ ……②

①、②の係数を比較すると
$uv=-1,\ u^3+v^3=-2$ ……③

u^3、v^3 を解とする2次方程式は
$(t-u^3)(t-v^3)=0$　すなわち　$t^2-(u^3+v^3)t+u^3v^3=0$

③の結果をあてはめると
$t^2+2t-1=0$

2次方程式の解の公式より　$t=-1+\sqrt{2},\ -1-\sqrt{2}$

よって①の方程式の解は、次のように表される。

$x=u+v=\sqrt[3]{-1+\sqrt{2}}+\sqrt[3]{-1-\sqrt{2}}$

ただし3乗根は複素数の範囲で適当に選ぶ（$uv=-1$ に注意）。

一般に、3次方程式の $ax^3+bx^2+cx+d=0$ は、$x=y-\dfrac{b}{3a}$ とおくことによって

$y^3+py+q=0$

に変形できる。この方程式をカルダノの方法で解くと、次のような公

式を得る。覚えるには、ちょっとシンドイ。

$$x = -\frac{b}{3a} + \sqrt[3]{-\frac{q}{2} + \sqrt{\left(\frac{q}{2}\right)^2 + \left(\frac{p}{3}\right)^3}} + \sqrt[3]{-\frac{q}{2} - \sqrt{\left(\frac{q}{2}\right)^2 + \left(\frac{p}{3}\right)^3}}$$

次に、4次方程式 $x^4 - 2x^2 + 8x - 3 = 0$ をフェラーリ（カルダノの弟子）の方式で解いてみよう。

$$x^4 = 2x^2 - 8x + 3$$

として両辺に $2tx^2 + t^2$ を加えると、左辺は平方（2乗）の形になる。

$$(x^2 + t)^2 = (2t+2)x^2 - 8x + (t^2+3) \cdots\cdots ①$$

さらに、右辺も平方の形になるように t の値を選ぶ。

$$(x^2 + t)^2 = \left(\sqrt{2t+2}\, x + \sqrt{t^2+3}\right)^2 \cdots\cdots ②$$

①と②の右辺を比較すると、この条件は

$$2\sqrt{2t+2}\,\sqrt{t^2+3} = -8$$

となればよい。これを整理すると、次の3次方程式が現れる。

$$t^3 + t^2 + 3t - 5 = 0$$

これを解いて $t=1$ が得られ、②に代入して

$$(x^2+1)^2 = (2x-2)^2$$
$$x^2 + 1 = \pm(2x-2)$$

と2つの2次方程式が出てくる。これより、次の解が求まる。

$$x = 1+\sqrt{2}i,\ 1-\sqrt{2}i,\ -1+\sqrt{2},\ -1-\sqrt{2}$$

一般に、4次方程式の $ax^4 + bx^3 + cx^2 + dx + e = 0$ は、$x = y - \dfrac{b}{4a}$ とおくと $y^4 + py^2 + qy + r = 0$ に変形できる。上と同様の方法で

$$(y^2+t)^2 = \left(\sqrt{2t-p}\, y + \sqrt{t^2-r}\right)^2$$

と変形できる t の値を求める。そのためには、3次方程式

$$t^3 - \frac{p}{2}t^2 - rt + \frac{pr}{2} - \frac{q^2}{8} = 0$$

をカルダノの方法などで解けばよい。

12　5次以上の代数方程式の解の公式はない！

　5次以上の代数方程式の解の公式はない！

　伊能忠敬は、満55才から日本全土を測量し、日本地図を作った。1800年から10数年間である。彼のたぐいまれなる好奇心、興味、行動力と数学的知識と体力のたまものだろうと思っている。

　55才になっても、新たに挑戦はできるのだと、中高年の希望の星になっている。それに比べて、近ごろの20才前後の若者はとぼやくが…。

　ところがである。

　2人の若者が数学を大躍進させ、それぞれ26才と20才でこの世を去っていった。

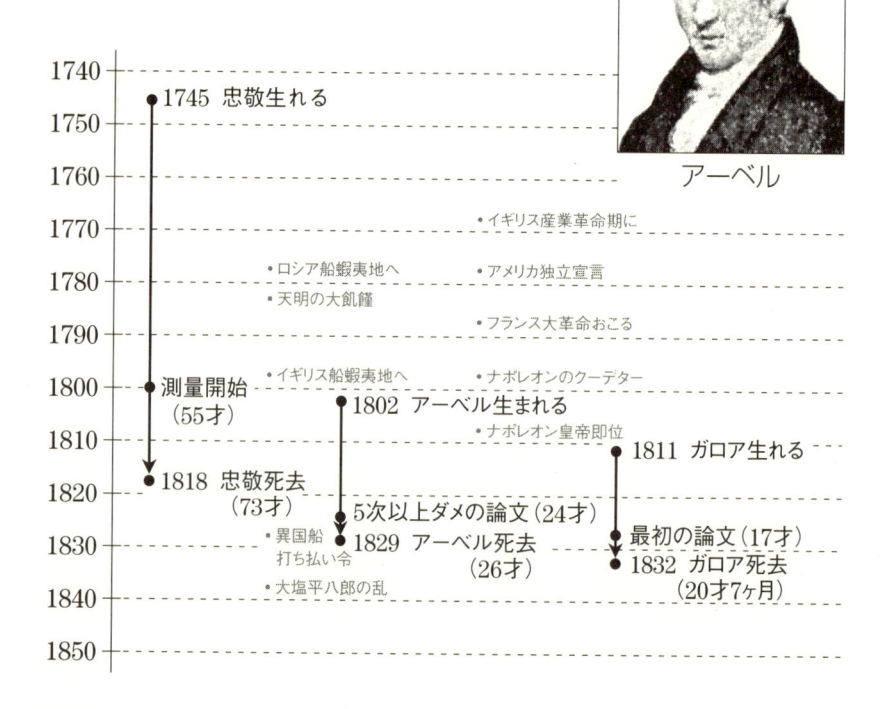

アーベル

1745	忠敬生れる
	イギリス産業革命期に
	ロシア船蝦夷地へ
	アメリカ独立宣言
	天明の大飢饉
	フランス大革命おこる
1800	測量開始（55才）
	イギリス船蝦夷地へ
	ナポレオンのクーデター
1802	アーベル生まれる
	ナポレオン皇帝即位
1811	ガロア生れる
1818	忠敬死去（73才）
	異国船打ち払い令
	5次以上ダメの論文（24才）
1829	アーベル死去（26才）
	最初の論文（17才）
	大塩平八郎の乱
1832	ガロア死去（20才7ヶ月）

第2章 数と計算の威力

　1次、2次、3次、4次の方程式には、解の公式がある。とにかく、ピタッと解けるのだ。計算の威力を見せつけるのが、解の公式。

　そこで、次は5次以上の方程式の解の公式を見つけようとするのが、当然の態度である。

　ところが、次第に不可能ではないかという声もではじめた。

　まず、ノルウェーのニールス・ヘンリク・アーベルが、5次以上の高次方程式は、代数的・一般的には解けないということを証明した。天才は、ベルリン大学に採用が決まったのに、それを知らないまま病気で死んだ。

　次は、エヴァリスト・ガロア。

　ガロアは、パリに生まれ、若くして数学の才能を発揮した。"ガロアの理論"という、代数学の重要な体系とも言えるものを創った。その中に、"5次以上は解けない"ということが含まれている。アーベルが、一点突破なら、ガロアは、全面攻撃とも言えるかもしれない。

ガロア

　ガロアは、共和主義者としても活動したが、女性問題で決闘をして死んだ。

　時代が大きく変わろうとしているとき、老いも若きも大いに働くものだと思う。

　伊能図は現代に残り、ガロアの理論も生きつづけている。

13 方程式の数値解法

　高次方程式の近似解を求める方法を数値解法と言う。
　2次方程式ならまだしも、3次、4次方程式となると解を求めるのは大変で、さらに5次以上の方程式は解の公式すらないのだから、近似値を求める方法がいろいろ工夫されている。
　江戸時代の和算家関孝和（1642頃～1708）は算聖とよばれたほどの優れた数学者だった。彼は3次方程式
$$6x^3 - 45x^2 + 125 = 0$$
の解を
$$x = 1.93481563 弱$$
と、なんと小数点以下第8位まで計算している。
　当時の計算機はそろばんと算木だったから、ずいぶん苦労したことと思う。今はコンピュータを用いて
$$x = 1.9348157155\cdots\cdots$$
と数値解を求めることができる（関孝和は小数第7位からまちがっていた。それにしてもすごい）。
　さて、関孝和にしろコンピュータの数式処理ソフトにしろ、一体どのようにしてこんなにくわしく数値解を求められるのであろうか。関孝和の場合は、西洋流に言えばホーナーの方法という手法を使っていたらしいと言われている。いずれにしろ基本は
　　試行錯誤しながら攻めていく
という、いかにも"人間的"で"骨の折れる"方法をとる。

たとえば、5次方程式
$$x^5 - 3x^3 + 2x - 3 = 0$$
を例にとって、考え方を紹介する。

① $f(x) = x^5 - 3x^3 + 2x - 3$

とおくと

$f(1) = 1 - 3 + 2 - 3 = -3 < 0$

$f(2) = 32 - 24 + 4 - 3 = 9 > 0$

である。だから$x = 1.\square$……という数にちがいない。

② $\square$を見つけるために試行錯誤をしてみよう。たとえば$x = 1.7$とか1.8などをおいてみると、

$f(1.7) \fallingdotseq -0.14 < 0$

$f(1.8) \fallingdotseq 2 > 0$

がわかる。だから$x = 1.7\triangle$……という数にちがいない。

③ $\triangle$を見つけるために計算し、……

以下同様にくり返し、小数点以下を少しずつ詳しくしていく。

なるべく早く近似していくために、②の段階で①の1と2の中点、1.5で試す「2分法」とか、微分を応用する「ニュートン法」などがある。そしていずれにしても、$y = f(x)$という関数の連続性（グラフがつながっていること）を上手に応用している。つまり右のグラフのx軸との交点をなるべく詳しく求めるために「攻めていく」のである。

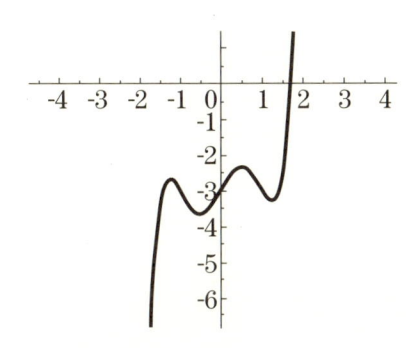

14 平方根の計算法

◉電卓で計算する

$\sqrt{}$ キーがついていない電卓で平方根を求めてみよう。たとえば $\sqrt{2}$ の値を計算するには、次のように2乗して2に近くなる小数をさがしていけばよい。

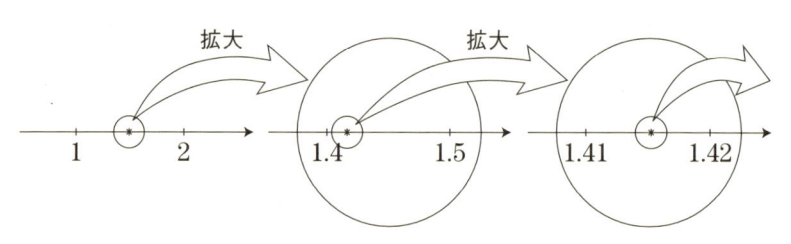

$0^2 = 0$
$1^2 = 1$
$2^2 = 4$
$3^2 = 9$

$\begin{cases} 1.2^2 = 1.44 \\ 1.3^2 = 1.69 \\ 1.4^2 = 1.96 \\ 1.5^2 = 2.25 \\ 1.6^2 = 2.56 \\ 1.7^2 = 2.89 \end{cases}$

$\begin{cases} 1.40^2 = 1.9600 \\ 1.41^2 = 1.9881 \\ 1.42^2 = 2.0164 \\ 1.43^2 = 2.0449 \\ 1.44^2 = 2.0736 \end{cases}$

$\begin{cases} 1.412^2 = 1.993744 \\ 1.413^2 = 1.996569 \\ 1.414^2 = 1.999396 \\ 1.415^2 = 2.002225 \\ 1.416^2 = 2.005056 \end{cases}$

ものの数分で $\sqrt{2} \fallingdotseq 1.4142135$ と計算することができた。

このようにしてどんな平方根 $\sqrt{a}$ でも計算できる。

◉筆算で計算する

この計算の極意は、「α が正の小さい数であれば、α^2 は、それよりずーっと小さい数であり、無視してもかまわない」ということだ。たとえば、$\alpha = 0.001$ のときは、$\alpha^2 = 0.000001$ で、これは α にくらべてずーっと小さい数である。このことを頭において…。

まず $\sqrt{2} = 1 + \alpha_1$、($\sqrt{2}$ は1とちょっと)とおく。

両辺を2乗すると

$$2 = 1 + 2\alpha_1 + \alpha_1^2$$

ここで α_1^2 は α_1 よりずーっと小さい数なので無視すると

$$1 + 2\alpha_1 \fallingdotseq 2$$

これを解いて $\alpha_1 \fallingdotseq \frac{1}{2}$ が得られる。よって $\sqrt{2} = 1 + \alpha_1 \fallingdotseq 1 + \frac{1}{2} = \frac{3}{2}$ となり、これは $\sqrt{2} \fallingdotseq 1$ よりよい近似値になる。

次に $\sqrt{2} = \frac{3}{2} + \alpha_2$ とおく。

両辺を2乗すると

$$2 = \frac{9}{4} + 3\alpha_2 + \alpha_2^2$$

ここで α_2^2 を無視すると

$$3\alpha_2 + \frac{9}{4} \fallingdotseq 2 \quad \text{これより} \quad \alpha_2 \fallingdotseq -\frac{1}{12}$$

<$\sqrt{2}$ の近似の様子>
① $\sqrt{2} \fallingdotseq 1$
② $\sqrt{2} \fallingdotseq \frac{3}{2} = 1.5$
③ $\sqrt{2} \fallingdotseq \frac{17}{12} = 1.41666\cdots$
④ $\sqrt{2} \fallingdotseq \frac{577}{408} = 1.4142156\cdots$

よって、$\sqrt{2} \fallingdotseq \frac{3}{2} - \frac{1}{12} = \frac{17}{12}$ となり、これは $\sqrt{2} \fallingdotseq \frac{3}{2}$ よりよい近似値になる。

つづいて $\sqrt{2} = \frac{17}{12} + \alpha_3$ とおき、両辺を2乗して α_3^2 を無視すると

$$\frac{289}{144} + \frac{17}{6}\alpha_3 \fallingdotseq 2 \quad \text{これより} \quad \alpha_3 \fallingdotseq \frac{1}{408}$$

よって、$\sqrt{2} \fallingdotseq \frac{17}{12} - \frac{1}{408} = \frac{577}{408}$ となり、これは $\sqrt{2} \fallingdotseq \frac{17}{12}$ よりよい近似値になる。以下、すきなだけつづければ、いくらでも精密な近似値が得られる（詳しい値は63ページ参照）。

平方根を求めるとき、この方法をニュートンが愛用したという。

15 立方根の計算法

たとえば $\sqrt[3]{5}$ （3乗すると5になる数）を電卓で求めるにはどうすればよいだろうか？

1. $\boxed{\sqrt{\ }}$ キーつき電卓で $\sqrt[3]{5}$ を求める

   ① 適当に最初の数 x_0 を考える。$x_0 = 3$ としてみよう。

   ② $\boxed{3}\boxed{\times}\boxed{5}\boxed{=}\boxed{\sqrt{\ }}\boxed{\sqrt{\ }}$ この結果が x_1 で、$x_1 = 1.9679896$ となる。

   ③ $\boxed{\times}\boxed{5}\boxed{=}\boxed{\sqrt{\ }}\boxed{\sqrt{\ }}$ をくり返し、x_n が安定したらやめる。

   この場合は、x_{12} で $\sqrt[3]{5} \fallingdotseq 1.7099759$ となる。

   一般に、$\sqrt[3]{a}$ を求めるとき、x_0 を適当（むちゃな数にはしないこと）にとり、
   　　　　　　　※
   $\boxed{x_0}\boxed{\times}\boxed{a}\boxed{=}\boxed{\sqrt{\ }}\boxed{\sqrt{\ }}$ と押し、2回目からは※をくり返すと

   $\sqrt[3]{a}$ の近似値が求まる。

   〈根拠〉 $b_{n+1} = \dfrac{1}{4}(1 + b_n)$ という漸化式を

   反復すると $b_n \to \dfrac{1}{3}$ になる（信じて！）。

   そこで $\quad a^{b_{n+1}} = a^{\frac{1}{4}(1+b_n)} = \left((a^{b_n} \times a)^{\frac{1}{2}}\right)^{\frac{1}{2}}$

   という漸化式を反復すると

   $\quad\quad\quad\quad x_n = a^{b_n} \to a^{\frac{1}{3}} \quad$ となる。

2. $\boxed{\sqrt{\ }}$ キーがついていない電卓で $\sqrt[3]{5}$ を求める

   ① 適当に最初の数 x_0 を考える。$x_0 = 3$ としてみよう。

   ② $\boxed{3}\boxed{\times}\boxed{3}\boxed{\times}\boxed{3}\boxed{\times}\boxed{2}\boxed{+}\boxed{5}\boxed{\div}\boxed{3}\boxed{\div}\boxed{3}\boxed{\div}\boxed{3}\boxed{=}$
   を x_1 として書きとめる。

   ③ $\boxed{x_n}\boxed{\times}\boxed{x_n}\boxed{\times}\boxed{x_n}\boxed{\times}\boxed{2}\boxed{+}\boxed{5}\boxed{\div}\boxed{3}\boxed{\div}\boxed{x_n}\boxed{\div}\boxed{x_n}\boxed{=}$

の結果を書きとめながらくり返す。

この場合 x_5 で、$\sqrt[3]{5} \fallingdotseq 1.7099758$ となり安定する。

一般に、$\sqrt[3]{a}$ を求めるとき、x_0 を適当にとり

| x_n | × | x_n | × | x_n | × | 2 | + | 5 | ÷ | 3 | ÷ | x_n | ÷ | x_n | = |

をくり返すとよい。電卓に CM RM M+ キーがついていれば、操作が便利になる。

〈根拠〉体積 a で一辺 x_0 の正方形を底面にもつ直方体の高さは $\dfrac{a}{x_0^2}$ になる。次にこの三辺の平均値を一辺とする底面をもつ直方体をつくる。すこし、立方体に近づく。

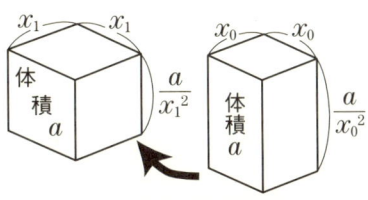

底面の正方形を三辺の平均値にする
$x_1 = (x_0 + x_0 + \dfrac{a}{x_0^2}) \div 3$

そこで漸化式

$$x_{n+1} = \frac{2x_n^3 + a}{3x_n^2}$$ の反復をするとよいことになる。

3乗根が求められると、$\sqrt[6]{a}$, $\sqrt[12]{a}$ もカンタン。

例) $\sqrt[6]{5}$ と $\sqrt[12]{5}$ を求める

1. の方法で $\sqrt[3]{5}$ を求めて 1.7099759 が表示されている状態で $\sqrt{}$ を1回押す。$\sqrt[6]{5} \fallingdotseq 1.3076604$ と求められる。$\sqrt{}$ をもう1回押すと $\sqrt[12]{5} \fallingdotseq 1.1435297$ と求まる。

$\sqrt{}$ キーつき電卓で $\sqrt[5]{a}$, $\sqrt[7]{a}$ を求めることができる。

$\sqrt[5]{a}$ は | x_0 | × | a | × | a | × | a | = | $\sqrt{}$ | $\sqrt{}$ | $\sqrt{}$ | $\sqrt{}$ | とし、※をくり返す。

$\sqrt[7]{a}$ は | x_0 | × | a | = | $\sqrt{}$ | $\sqrt{}$ | $\sqrt{}$ | とし、※をくり返す。

残念ながら根拠を書くスペースがない。$\sqrt[5]{32}$ などを求めて、検算して確かめてみてほしい。

16 ベクトルとその応用

1つの数で表そうとすると無理があったり、または1つの数で表すより2つ、3つ、……の数の組として表した方が都合がよいことは多い。たとえば平面上の位置・位置の変化・速度・加速度・力などは2つの数のペアで表すと具合がいい。

[平面上の位置]

右図の家AもBも駅から500mのところにある。これを単に「駅から500m」と言うより、Aのときは

$$\begin{pmatrix} 300\text{m} \\ 400\text{m} \end{pmatrix} \begin{matrix} \leftarrow 東 \\ \leftarrow 北 \end{matrix}$$

そしてBのときは

$$\begin{pmatrix} 400\text{m} \\ -300\text{m} \end{pmatrix} \begin{matrix} \leftarrow 東 \\ \leftarrow 北 \end{matrix}$$

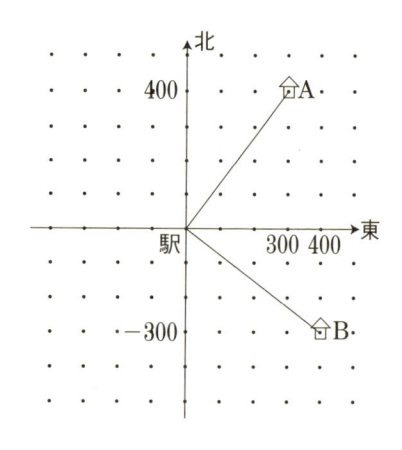

と、2つの数で表した方が正確に位置を表現することができる。

[平面上の位置の変化]

位置の変化（変位と言う）も同様で、右図のような変位はそれぞれ

$$\overrightarrow{AB} = \begin{pmatrix} 5 \\ 2 \end{pmatrix}, \overrightarrow{CD} = \begin{pmatrix} -3 \\ 3 \end{pmatrix}$$

$$\overrightarrow{EF} = \begin{pmatrix} -5 \\ -2 \end{pmatrix}$$ と表せる。

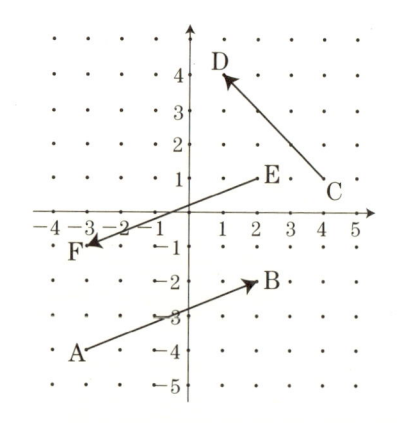

第2章 数と計算の威力

[平面上の運動の速度と加速度]

平面上を運動する点Pの運動もx軸上の運動$x = f(t)$と、y軸上の運動$y = g(t)$を並べて

$$\begin{pmatrix} f(t) \\ g(t) \end{pmatrix}$$

で表し、その速度、加速度も

$$\vec{v} = \begin{pmatrix} f'(t) \\ g'(t) \end{pmatrix}, \vec{\alpha} = \begin{pmatrix} f''(t) \\ g''(t) \end{pmatrix}$$

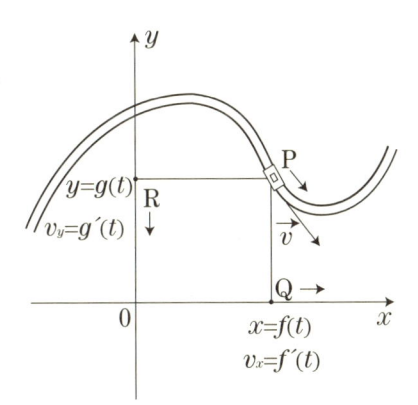

と表す(速度、加速度と微分については、たとえば『微分・積分の意味がわかる』(ベレ出版)などを参照)。

ここで出てきた数のペアをベクトルと言う。矢印で表示したときのことを考えて、ベクトルとは向きと大きさをもつ量などと言うこともある。

以上は平面上の位置や運動の例であったが、空間内であれば3つの数を並べた3次元ベクトルになる。

また、対象は運動に限るわけではなく、数の組として表した方が具合がいい場面はいろいろある。栄養の食物成分表もその例。

したがって、ベクトルを体系的に扱う「線形代数」という数学の分野の応用は、物理学など自然科学だけでなく、経済学でも広く活躍する。

$$\begin{pmatrix} a_1 \\ a_2 \\ \vdots \\ \vdots \\ a_n \end{pmatrix}$$

n次元のベクトル

さんま100gにつき
$$\begin{pmatrix} 23.8 \\ 14.8 \\ 0.1 \end{pmatrix} \begin{matrix} \leftarrow たん白質(g) \\ \leftarrow 脂質(g) \\ \leftarrow でんぷん(g) \end{matrix}$$

ちょっとひと言

　皆さんは「後期印象派」というと、どんな画家たちを連想されるだろうか。美術に明るい方を別として「誰かは知らないが、印象派時代の後半期に所属する画家たち」と思われる方が多いのではないか、と思う。しかしこの「後期」は、「その後」を意味するpostの誤訳で、この派は「印象主義から脱けだそうとした画家たちセザンヌ、ゴーギャン、ゴッホ、スーラなどの総称」なのである。

　一方「脱工業社会」の「脱」も、もとはpostである。社会の中心が農業から工業に移ったのが「工業社会」で、これが成熟して、情報・サービス産業が重要になったのが「ポスト工業社会」だそうである。しかしこれを「脱」工業社会と言ってしまうと、「もの作りなどしない社会」と誤解する人も出るのではないだろうか。

　アメリカは、情報・工業・農業のすべてに強い。日本は農業が弱いけれど、工業が強いおかげで、自動車やオーディオ機器を輸出して、食糧を輸入している——私たちが飢え死にしないのは「工業のおかげ」である。これからは情報にも、今まで以上に力を入れていかねばならないが、情報でもうけるだけで食べていけるとは思えない。だから工業でも、情報・工業の基礎にある数学と理科の教育でも、まだまだがんばらないといけない。でないと将来「年金が心配」どころか、食べ物が心配なのである！

　私は「教える時間」をふやし、「1クラスの人数」を減らすことが、今できる唯一の有効な対策ではないか、と思うのだが、いかがなものであろうか。

第3章
数と計算のおもしろさ

1. 数の行進曲
2. 上手な計算法？
3. ガウスのわり算
4. 三角数・四角数・五角数…
5. 平方数
6. パスカルの三角形
7. 素数
8. 素数の散らばり
9. 互除法
10. ピタゴラス数
11. 黄金比
12. フィボナッチ数
13. カタラン数
14. 円周率 π
15. 万有率 e
16. 虚数
17. 複素数
18. 複素平面
19. ガウスの素数
20. オイラーの公式

0から9までの数字をふたつ選ぶ。最初はたとえば3としよう。その次の数字は5に決めておく。そしてこれらをふたつの数字から、ある規則に従って、次のような数字の列を作る：

　　　3，5，8，3，1，4，5

　まだまだ続けられるが、どんな規則で並んでいるのだろうか？

　　「前の2つを加えて、次の数にする。

　　　ただし答えが2桁になったら、上の桁数字を省く」

という規則であるが、すぐ気がつく小学生もいるし手こずる大学生もいる。7から始めれば7，5，2，7，9，6，…となるし、4から始めると4，5，9，4，3，7，0，…となる。大勢の子どもたちに勝手な数字から始めて、2番目だけ共通の5にして、20番目ぐらいまで計算させて「では、17番目は？」と聞くと、あらふしぎ――全員が同じ答え5になる。「どうしてか」はかなりむずかしいけれど「高校生なら上手に指導すると、喜んで取り組んで、2～3週で一般法則を発見できる」という授業報告がある。

　上の規則の「ただし書き」を省いて、1と1から始めると、かの有名な**フィボナッチ数列**になる（0と1から始める流儀もある）。

　　　1，1，2，3，5，8，13，21，34，…

これはさっきの数列の分析にも役立つが、たとえば「松ぼっくりの鱗の配列を、ある仕方で教えると、フィボナッチ数列(の一部分)になる」など、自然界にもよく現れる、おもしろい数列である。

さてこの数列の第n番目を、一般的に表す公式がある。

$$\frac{1}{\sqrt{5}}\left\{\left(\frac{1+\sqrt{5}}{2}\right)^n-\left(\frac{1-\sqrt{5}}{2}\right)^n\right\}$$

　私はこの公式（ビネの公式）を知ったとき、大いに感動した。整数ばかりの数列を表すのに、無理数$\sqrt{5}$が使われている！　無理数がこんなところで役に立つのだ!!　なお2次方程式の解の公式さえ知っていれば、ビネの公式を初等的に証明できるし、さらに「整数ばかりの列なのに、一般的な公式には複素数が現れる」例も作れる。

　この章では、このフィボナッチ数列も含めて、中学・高校レベルの数学から、おもしろそうなトピックを選んで、解説を行ってみた。どの項目も「入り口をのぞく」程度であるけれど、どれもさらに広く、深く展開できる内容をもっている。

　中でも大ものは虚数である。これは昔々「方程式$x^2=-1$が答えをもつように」という便宜的な理由で導入された数であるが、これを実数と組み合わせて「複素数」を作ってみたら、すばらしい世界が開けてきた。2次方程式どころか「何次方程式でも、複素数の世界でなら必ず解をもつ」のである（ダランベールが明言し、ガウスが証明した）。実数の世界ではバラバラだった指数関数と三角関数が、複素数の世界では深く結ばれている（オイラーの公式）。詳しいことは専門書に譲らなければならないが、ここでひととおり「数の風景」を眺めておくことに、けっしてソンはないと思う。

01 数の行進曲

　数が規則的に並んでいる姿を見ることは、数学の理屈ぬきでオモシロイ。そのいくつかを鑑賞してみよう。

◉揃った数の行進

$$12345679 \times 9 = 111111111$$
$$12345679 \times 18 = 222222222$$
$$12345679 \times 27 = 333333333$$
$$12345679 \times 36 = 444444444$$
$$\cdots\cdots\cdots\cdots\cdots\cdots\cdots\cdots\cdots\cdots\cdots$$
$$12345679 \times 81 = 999999999$$

◉1のピラミッド

$$1 \times 9 + 2 = 11$$
$$12 \times 9 + 3 = 111$$
$$123 \times 9 + 4 = 1111$$
$$1234 \times 9 + 5 = 11111$$
$$12345 \times 9 + 6 = 111111$$
$$\cdots\cdots\cdots\cdots\cdots\cdots\cdots\cdots\cdots\cdots\cdots$$
$$123456789 \times 9 + 10 = 1111111111$$

◉8のピラミッド

$$9 \times 9 + 7 = 88$$
$$98 \times 9 + 6 = 888$$
$$987 \times 9 + 5 = 8888$$
$$9876 \times 9 + 4 = 88888$$
$$\cdots\cdots\cdots\cdots\cdots\cdots\cdots\cdots\cdots\cdots\cdots$$
$$98765432 \times 9 + 0 = 888888888$$

第3章　数と計算のおもしろさ

◎再帰的な平方数

$$5^2 = 25$$
$$25^2 = 625$$
$$625^2 = 390625$$
$$90625^2 = 8212890625$$
$$890625^2 = 793212890625$$
$$2890625^2 = 8355712890625$$
$$12890625^2 = 166168212890625$$

◎連続した自然数の和

$$1 + 2 = 3$$
$$4 + 5 + 6 = 7 + 8$$
$$9 + 10 + 11 + 12 = 13 + 14 + 15$$
$$16 + 17 + 18 + 19 + 20 = 21 + 22 + 23 + 24$$

◎連続した平方数の和

$$3^2 + 4^2 = 5^2$$
$$10^2 + 11^2 + 12^2 = 13^2 + 14^2$$
$$21^2 + 22^2 + 23^2 + 24^2 = 25^2 + 26^2 + 27^2$$
$$36^2 + 37^2 + 38^2 + 39^2 + 40^2 = 41^2 + 42^2 + 43^2 + 44^2$$

　いろいろ観察しているうちに、「本当にこんなウマイことが成り立つのか？」「どうなっているのか？」と興味がわいてくると思う。それが数学の深みにはまるきっかけにもなったりする。

02 上手な計算法？

◉ 10個の数え方？

「アメ、10個もらっていい？」

「イイヨ。」

「じゃ、もらうね。じゅう、きゅう、はち、なな、ろく、ご、で半分。いち、に、さん、し、ご、で10個もらったヨ。」

「うん？」

幼い頃、これで損したり得したり。

◉ 指でかけ算

5までのかけ算を知っていれば、九九ができる。

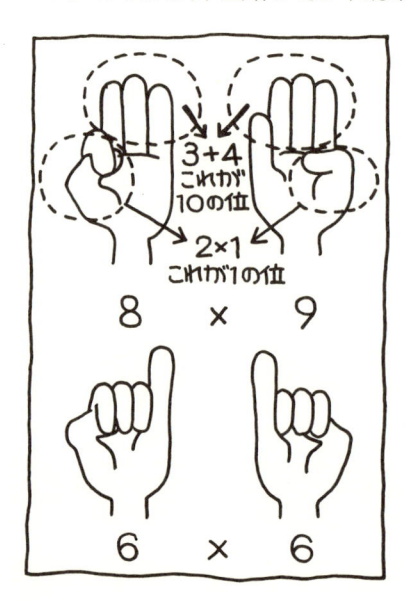

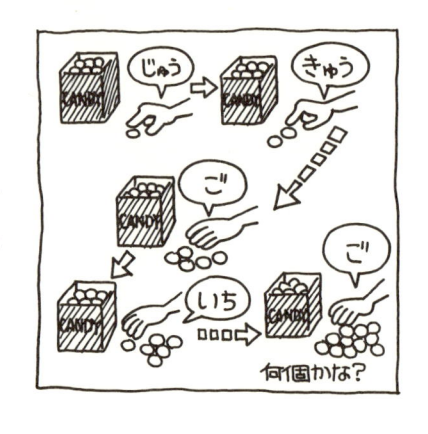

たとえば、8×9のとき、

立っている指を加えて10倍

$(3+4) \times 10 = 70$

折っている指をかける

$2 \times 1 = 2$

そして、たす

$70 + 2 = 72$

6×6のときも

$(1+1) \times 10 + 4 \times 4 = 36$

とちゃんとなる。

なぜでしょう。

第3章 数と計算のおもしろさ

◉縁日かけ算

$82 \times 49 = 4018$　とパッと計算する方法。

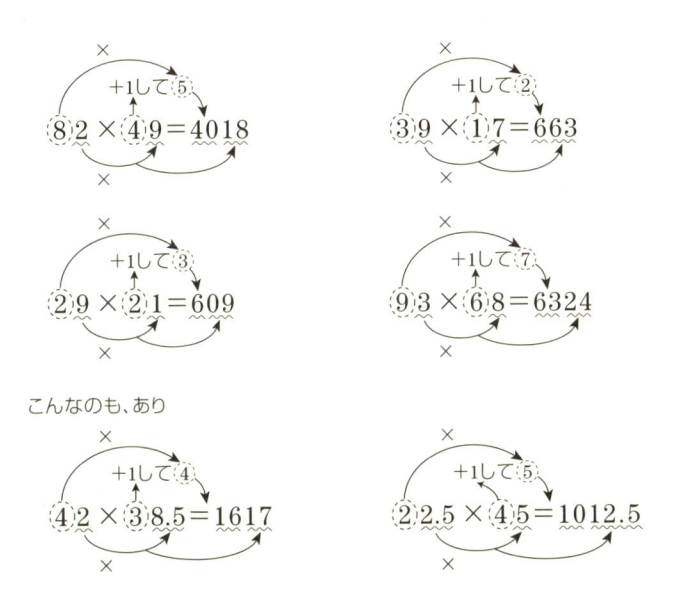

$$8\underline{2} \times \underline{4}9 = 4018 \quad (+1して 5)$$

$$3\underline{9} \times \underline{1}7 = 663 \quad (+1して 2)$$

$$2\underline{9} \times \underline{2}1 = 609 \quad (+1して 3)$$

$$9\underline{3} \times \underline{6}8 = 6324 \quad (+1して 7)$$

こんなのも、あり

$$4\underline{2} \times \underline{3}8.5 = 1617 \quad (+1して 4)$$

$$2\underline{2}.5 \times \underline{4}5 = 1012.5 \quad (+1して 5)$$

　この方法はいつも通用するとは限らない。自分で、この方法が通用する問題をたくさん作っておいて、相手が選んだ問題に、暗算で即座に答えを出すと、おどろいてくれる。

　では種明かし、〈㊙問題の作り方〉

　a, b, c, d を9以下の数とする。まず a, b を決め、それから $a:b=c:d$ となるように c, d を決める。そして、$10-d$ を求めれば、問題 $ab \times c$ $(10-d)$ ができあがり！

　例) $a=3, b=4$ とすると、$3:4=6:8$ だから、$c=6, d=8$

　　そこで、$34 \times 6\bigcirc$ と書き、$\bigcirc$ のところは、8の10に対する補数 $(10-8=2)$ を書く。それで、問題「34×62」が完成！

03 ガウスのわり算

　数学好きも含めて、計算嫌いの人は多い。

　ところが、大数学者ガウス（Carl Friedrich Gauss 1777～1855）は、本人が冗談に『私は口がきけるより前から計算をしていた』と言うくらい、計算にたけていた。

　よく知られている逸話に、小学校で1から40（本によっては100）までの和を求めよと問われて、

$1+2+3+……+40$
$=(1+40)+(2+39)+(3+38)+……+(20+21)$
$=41+41+……+41=41×20=820$

とたちまち正解を出したという。これを見ても感じられるが、やみくもに計算が得意というのではなく、考えながら楽しんでいたのではないだろうか。なお、本によってはもっと複雑な次の和だったという。

$81297+81495+81693+…+100899$

　高木貞治著『近世数学史談』（岩波文庫）によると、子どもの頃には200以下の数の逆数を、小数に直す表を作っていたそうだ。

　その時、たとえば $\frac{1}{71}$ は右ページのように35個の数字が循環する循環小数になるのだが、ガウスは計算の過程をいろいろ工夫して楽しんだらしい。つまり「小数第7位で余り5が出るので、はじめの10を割った商の1408……を2で割れば、8位めから先の数字0704……が自然に出てくる」。だからガウスは、71でわるのはここでやめ、あとは前に出た商をどんどん2でわっていった！

第3章 数と計算のおもしろさ

```
         0.01408450704225352112676056338028169
    71)100
        71
        290
        284
         600
         568
          320
          284
           360
           355
            500
            497
             300
             284
              160
              142
               180
               142
                380
                355
                 250
                 213
                  370
                  355
                   150
                   142
                     80
                     71
                      90
                      71
                       190
                       142
                        480
                        426
                         540
                         497
                          430
                          426
                           400
                           355
                            450
                            426
                             240
                             213
                              270
                              213
                               570
                               568
                                200
                                142
                                 580
                                 568
                                  120
                                   71
                                   490
                                   426
                                    640
                                    639
                                      1
```

$$140845070422\cdots\cdots$$
$$\div 2 = 0704225352\cdots\cdots$$

04 三角数・四角数・五角数…

○を図のように並べて、それぞれ○の数を数えると、数列ができる。図のように、正三角形になる数を"三角数"、正方形になる数を"四角数"、正五角形になる数を"五角数"、……と言う。

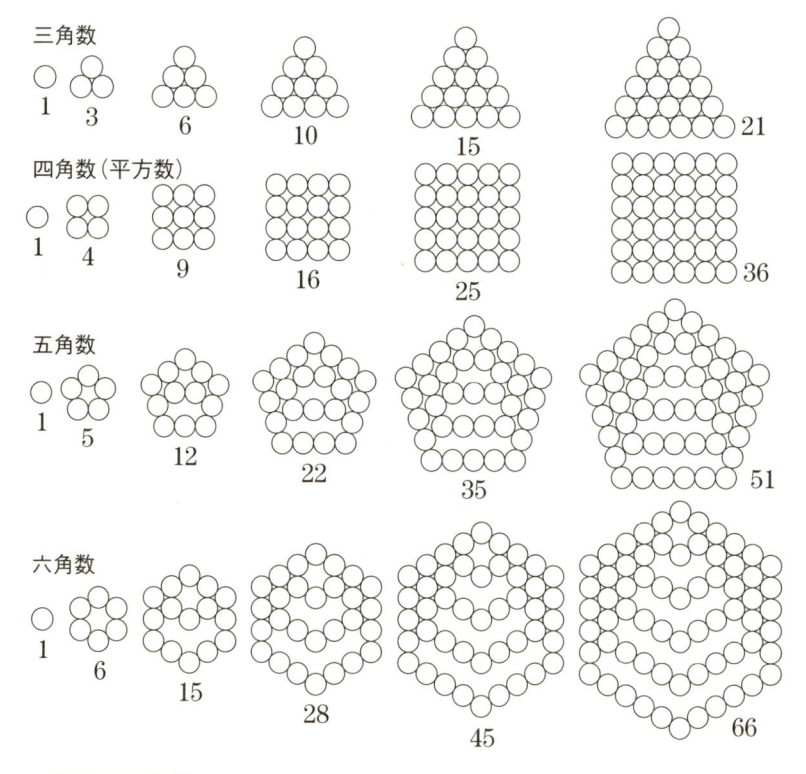

三角数
1 3 6 10 15 21

四角数(平方数)
1 4 9 16 25 36

五角数
1 5 12 22 35 51

六角数
1 6 15 28 45 66

n 番目の三角数は、

$$1+2+3+……+n = \frac{n(n+1)}{2}$$

で計算できる。他の数列もそれぞれ考えると、n 番目の数が求められるが、ここでは統一的な求め方を見てみよう。

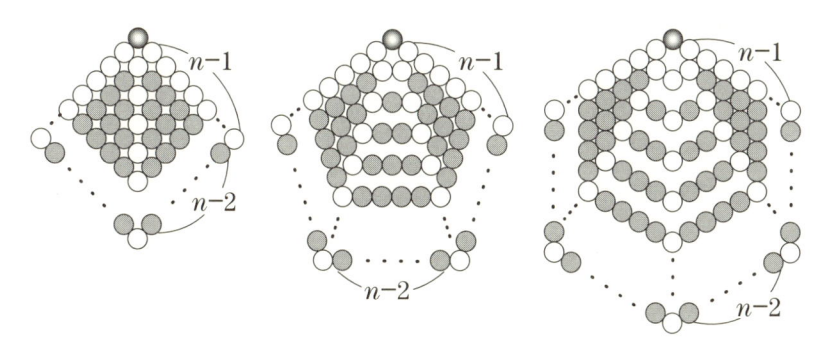

第3章 数と計算のおもしろさ

上の四・五・六角数の n 番目の図をジーッと見てみよう。

四角数　$1+(n-1)3+(1+2+3+\cdots+(n-2))2=1+(n-1)3+(n-2)(n-1)$

五角数　$1+(n-1)4+(1+2+3+\cdots+(n-2))3=1+(n-1)4+(n-2)(n-1)\dfrac{3}{2}$

六角数　$1+(n-1)5+(1+2+3+\cdots+(n-2))4=1+(n-1)5+(n-2)(n-1)2$

となっている。k 角数の n 番目はこれから、

k 角数　$1+(n-1)(k-1)+(n-2)(n-1)\dfrac{k-2}{2}$

ところで、六角数を一番目から全部加えると、どうなるだろう。

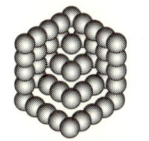

○を球にして大きくし、それを立方形にすると、各六角数は下図になるでしょう！

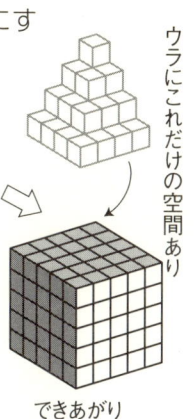

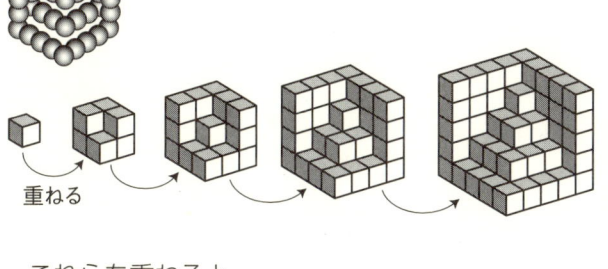

これらを重ねると……。

そこで、六角数の n 番目までの和は

$n^3-(1^2+2^2+3^2+\cdots+(n-1)^2)$ であることがわかる。

05 平方数

○を下の図のように正方形状に並べたときにできる数を、四角数とよぶ。四角数は( )^{2}と表すことができるので、平方数とも言われる。

1^2　　2^2　　3^2　　4^2　　　5^2

平方数を次の図のように区切って、和の形で表してみよう。

$1^2 = 1$
$2^2 = 1 + 3$
$3^2 = 1 + 3 + 5$
$4^2 = 1 + 3 + 5 + 7$
$5^2 = 1 + 3 + 5 + 7 + 9$

このように、平方数は、連続する奇数の和で表すこともできる。このことは古代ギリシャの人々にも知られていた。また、平方数を、左の図のように区切ると、8つの三角数と中心の1に分けられる。よって、

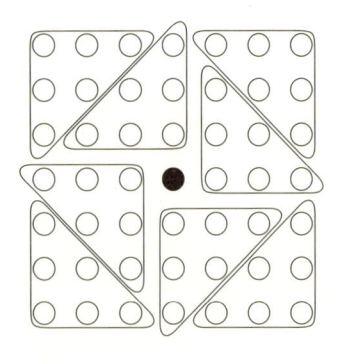

$$7^2 = 8 \times (1 + 2 + 3) + 1$$

このように、三角数を8倍して1を加えると、平方数になる。

このことは、やはり古代ギリシャの数学者、ディオファントスによって発

見されたと言われる。

平方数の和 $S = 1^2 + 2^2 + 3^2 + 4^2 + 5^2$ を求めてみよう。
それぞれの平方数を和の形に分解してみると、

$1^2 = 1$
$2^2 = 2 \times 2 = 2 + 2$
$3^2 = 3 \times 3 = 3 + 3 + 3$
$4^2 = 4 \times 4 = 4 + 4 + 4 + 4$
$5^2 = 5 \times 5 = 5 + 5 + 5 + 5 + 5$

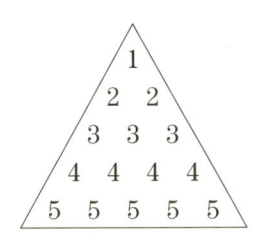

となる。そこで右図のような三角形を作ると、S はこの三角形の中のすべての数の和になっている。

次に、この三角形を3個作って、下の図のように並べる。このとき、同じ位置にある数の和を求めると、すべて11になる。

11の個数は $1 + 2 + 3 + 4 + 5 = 15$（個）
したがって、$3S = 15 \times 11$ より $S = \dfrac{15 \times 11}{3} = 55$ となる。
同様にして平方数の和 $S = 1^2 + 2^2 + 3^2 + \cdots\cdots + n^2$ を求めてみよう。

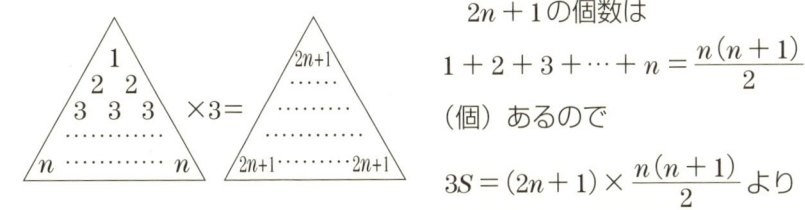

$2n + 1$ の個数は
$1 + 2 + 3 + \cdots + n = \dfrac{n(n+1)}{2}$
（個）あるので
$3S = (2n+1) \times \dfrac{n(n+1)}{2}$ より

$S = 1^2 + 2^2 + 3^2 + \cdots + n^2 = \dfrac{n(n+1)(2n+1)}{6}$ となる。

06 パスカルの三角形

$(x+1)^2 = x^2 + 2x + 1$

$(x+1)^3 = x^3 + 3x^2 + 3x + 1$

これらを展開の公式として覚えている人が多い。

$(x+1)^4$ は $(x+1)^3 (x+1)$ であるから、右のようなたて書きの計算をしてみると

$x^4 + 4x^3 + 6x^2 + 4x + 1$

となることがわかる。

$$\begin{array}{r} x^3 + 3x^2 + 3x + 1 \\ \times \quad x + 1 \\ \hline x^3 + 3x^2 + 3x + 1 \\ x^4 + 3x^3 + 3x^2 + \ x \quad\quad \\ \hline x^4 + 4x^3 + 6x^2 + 4x + 1 \end{array}$$

$x+1$ をかけるごとに、係数は次のような増え方をする。

$$\begin{array}{r} x^n + \bigcirc x^{n-1} + \triangle x^{n-2} + \square x^{n-3} + \cdots \\ \times \quad\quad\quad\quad\quad\quad\quad\quad x + 1 \\ \hline x^n + \bigcirc x^{n-1} + \triangle x^{n-2} + \square x^{n-3} + \cdots \\ x^{n+1} + \bigcirc x^n + \triangle x^{n-1} + \square x^{n-2} \quad\quad + \cdots \\ \hline x^{n+1} + (1+\bigcirc) x^n + (\bigcirc + \triangle) x^{n-1} + \cdots \end{array}$$

```
    1    ○    △    □ …
   / \  / \  / \  / \
  1  1+○ ○+△ △+□ …
```

この特徴を使うと、右のような三角形状に並んだ数ができる。

たとえば $(x+1)^5$ は

$x^5 + 5x^4 + 10x^3 + 10x^2 + 5x + 1$

と展開できる。

この数の三角形のことを、パスカルの三角形と言う。

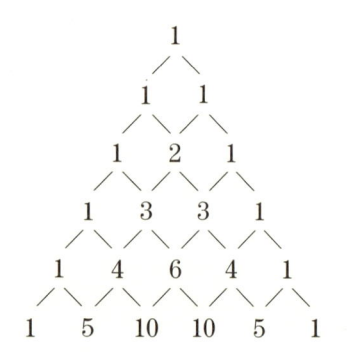

```
            1
           / \
          1   1
         / \ / \
        1   2   1
       / \ / \ / \
      1   3   3   1
     / \ / \ / \ / \
    1   4   6   4   1
   / \ / \ / \ / \ / \
  1   5  10  10   5   1
```

第3章　数と計算のおもしろさ

$(x+1)^{10}$などになると、三角形を作っていくのはかなり面倒だが、$(x+1)^5$や$(x+1)^6$あたりまでなら、この三角形を作るのも容易であり、大変助かるので「タスカルの三角形」などとシャレて言う人もいる。

この三角形の数字は、見方を変えれば、右図のAから出発して、その点まで行く道筋の数と考えてもよい。

たとえば、Rまで行く道筋（遠回りはしない）は、Pまで行く道筋とQまで行く道筋の合計になる。

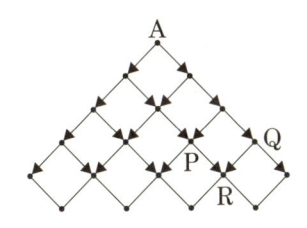

◉組合せ

ところで、AからRに行くのには、3ブロック↘、1ブロック↙で到達する。したがってRに到達する場合は、下の4つの場合である。

ブロック	①	②	③	④
場合1	↘	↘	↘	↙
場合2	↘	↘	↙	↘
場合3	↘	↙	↘	↘
場合4	↙	↘	↘	↘

言いかえると、①②③④のうちから↘の置き場所を3ヵ所選ぶ選び方の総数が4である。

一般に①②③…⑩の中からr個を選ぶ選び方の総数は

$$\frac{n(n-1)\cdots(n-r+1)}{r(r-1)\cdots 3\cdot 2\cdot 1}$$で計算できる。

ここでは深入りしないが「組合せ」の数とよばれ、$_nC_r$と表される。

07 素数

　いくつかの小石は長方形に並べられるけれど、個数によってはどうしても、長方形には並べられない。このようなことから素数と合成数の考えが生まれた。

　すなわち、素数とは、「自分自身と1でしか割り切れない自然数」のこと。また、素数でない自然数を合成数と言う。ただし1は、素数にも、合成数にも属さない特別な数とする。

```
      5           6
   ○○○○○      ○○○
                  ○○○
   （素　数）   （合成数）
```

　与えられた自然数 N が素数であることを示すには、2から $\sqrt{N}$ までのどの数でも割り切れないことを示せば十分である。1つ1つの数について、この方法でやっていては効率がよくないので、ある一定の数までのすべての素数を求める方法として「エラトステネスのふるい」と名づけられている方法を紹介しよう。

　たとえば1から50までの数を上の表のように並べる。まず1を消す。次に2に○をつけて、2より大きい2の倍数を消す。次に、消されずに残った数の最小値3に○をつけて、3より大きい3の倍数を消す。このようにして「消されずに残った数の最小値」5, 7, …についてくり返すと

　　　2, 3, 5, 7, 11, 13, 17, 19, 23, 29, 31, 37, 41, 43, 47

が残る。これらはすべて素数で、「1から50までの間には15個の素数がある」ことがわかる。

第3章 数と計算のおもしろさ

　数が大きくなればなるほど、合成数の比率が増え、素数の比率が減ってくる傾向がある。では、素数の数は無限にあるのだろうか、それとも有限個で最大の素数があるのだろうか。

　この疑問に最初に答えたのが古代ギリシャ人であった。ユークリッドは「原論」の中で、背理法によるみごとな証明により、素数が無限にあることを示した（証明は152ページ参照）。

　ところで、右の図のように、41からスタートする四角いらせん状の自然数の列を並べ、素数に印をつける。何と対角線上の数が全部素数である（?!）。

41, 43, 47, 53, 61, 71
　2　 4　 6　 8　 10

　階差が偶数になっているので、この数列の n 番目の数 $f(n)$ は、次の式で表せる。

$$f(n) = n^2 - n + 41$$

　ひょっとしたら、この式は、どんな自然数 n についても素数を発生させる関数かもしれない。事実 $f(1), f(2), f(3), \cdots, f(40)$ まではすべて素数だ。しかし $n = 41$ で期待を裏切ってしまう。

$$f(41) = 41^2$$

となるからである。

　実は $f(1), f(2), f(3), \cdots$ すべてが素数になるような多項式 $f(n)$ は存在しないことがわかっている。

08 素数の散らばり

10000までの素数は1229個ある。次ページがそのすべて。5000毎の20万までの素数の数と累計の表が右。百万までは累計78498個で、そこまでの最大の素数は999983。

〈素数定理〉

xまでの素数の数を$\pi(x)$とすると

$$\pi(x) \sim \frac{x}{\log x}$$

となる。これは、xが大きくなると、$\pi(x)$は$\frac{x}{\log x}$にどこまでも近づくという意味。

$$\frac{x}{\log x - 1.08366}$$

の方が非常に近似がよい。実際の数とそれとの比較を表に含めた。

	5000毎	累計①	②	③
1 ～ 5000	669個	669個	673	0.54%
5001～ 10000	560個	1229個	1231	0.12%
10001～ 15000	525個	1754個	1758	0.23%
15001～ 20000	508個	2262個	2268	0.25%
20001～ 25000	500個	2762個	2765	0.09%
25001～ 30000	483個	3245個	3252	0.21%
30001～ 35000	487個	3732個	3732	0.01%
35001～ 40000	471個	4203個	4205	0.04%
40001～ 45000	472個	4675個	4673	0.05%
45001～ 50000	458個	5133個	5136	0.05%
50001～ 55000	457個	5590個	5594	0.08%
55001～ 60000	467個	6057個	6049	0.13%
60001～ 65000	436個	6493個	6501	0.12%
65001～ 70000	442個	6935個	6950	0.21%
70001～ 75000	458個	7393個	7395	0.03%
75001～ 80000	444個	7837個	7838	0.02%
80001～ 85000	440個	8277個	8279	0.03%
85001～ 90000	436個	8713個	8718	0.05%
90001～ 95000	444個	9157個	9154	0.03%
95001～100000	435個	9592個	9588	0.04%
100001～105000	432個	10024個	10021	0.03%
105001～110000	429個	10453個	10452	0.01%
110001～115000	418個	10871個	10881	0.09%
115001～120000	430個	11301個	11308	0.07%
120001～125000	433個	11734個	11734	0.00%
125001～130000	425個	12159個	12159	0.00%
130001～135000	417個	12576個	12582	0.05%
135001～140000	434個	13010個	13004	0.04%
140001～145000	412個	13422個	13425	0.02%
145001～150000	426個	13848個	13844	0.03%
150001～155000	424個	14272個	14263	0.07%
155001～160000	411個	14683個	14680	0.02%
160001～165000	410個	15093個	15096	0.02%
165001～170000	404個	15497個	15511	0.09%
170001～175000	419個	15916個	15925	0.06%
175001～180000	426個	16342個	16338	0.02%
180001～185000	403個	16745個	16750	0.03%
185001～190000	425個	17170個	17162	0.05%
190001～195000	403個	17573個	17572	0.00%
195001～200000	411個	17984個	17982	0.01%

$$② = \frac{x}{\log x - 1.08366} \quad ③は①と②の誤差$$

第3章 数と計算のおもしろさ

2, 3, 5, 7, 11, 13, 17, 19, 23, 29, 31, 37, 41, 43, 47, 53, 59, 61, 67, 71, 73, 79, 83, 89, 97, 101, 103, 107, 109, 113, 127, 131, 137, 139, 149, 151, 157, 163, 167, 173, 179, 181, 191, 193, 197, 199, 211, 223, 227, 229, 233, 239, 241, 251, 257, 263, 269, 271, 277, 281, 283, 293, 307, 311, 313, 317, 331, 337, 347, 349, 353, 359, 367, 373, 379, 383, 389, 397, 401, 409, 419, 421, 431, 433, 439, 443, 449, 457, 461, 463, 467, 479, 487, 491, 499, 503, 509, 521, 523, 541, 547, 557, 563, 569, 571, 577, 587, 593, 599, 601, 607, 613, 617, 619, 631, 641, 643, 647, 653, 659, 661, 673, 677, 683, 691, 701, 709, 719, 727, 733, 739, 743, 751, 757, 761, 769, 773, 787, 797, 809, 811, 821, 823, 827, 829, 839, 853, 857, 859, 863, 877, 881, 883, 887, 907, 911, 919, 929, 937, 941, 947, 953, 967, 971, 977, 983, 991, 997, 1009, 1013, 1019, 1021, 1031, 1033, 1039, 1049, 1051, 1061, 1063, 1069, 1087, 1091, 1093, 1097, 1103, 1109, 1117, 1123, 1129, 1151, 1153, 1163, 1171, 1181, 1187, 1193, 1201, 1213, 1217, 1223, 1229, 1231, 1237, 1249, 1259, 1277, 1279, 1283, 1289, 1291, 1297, 1301, 1303, 1307, 1319, 1321, 1327, 1361, 1367, 1373, 1381, 1399, 1409, 1423, 1427, 1429, 1433, 1439, 1447, 1451, 1453, 1459, 1471, 1481, 1483, 1487, 1489, 1493, 1499, 1511, 1523, 1531, 1543, 1549, 1553, 1559, 1567, 1571, 1579, 1583, 1597, 1601, 1607, 1609, 1613, 1619, 1621, 1627, 1637, 1657, 1663, 1667, 1669, 1693, 1697, 1699, 1709, 1721, 1723, 1733, 1741, 1747, 1753, 1759, 1777, 1783, 1787, 1789, 1801, 1811, 1823, 1831, 1847, 1861, 1867, 1871, 1873, 1877, 1879, 1889, 1901, 1907, 1913, 1931, 1933, 1949, 1951, 1973, 1979, 1987, 1993, 1997, 1999, 2003, 2011, 2017, 2027, 2029, 2039, 2053, 2063, 2069, 2081, 2083, 2087, 2089, 2099, 2111, 2113, 2129, 2131, 2137, 2141, 2143, 2153, 2161, 2179, 2203, 2207, 2213, 2221, 2237, 2239, 2243, 2251, 2267, 2269, 2273, 2281, 2287, 2293, 2297, 2309, 2311, 2333, 2339, 2341, 2347, 2351, 2357, 2371, 2377, 2381, 2383, 2389, 2393, 2399, 2411, 2417, 2423, 2437, 2441, 2447, 2459, 2467, 2473, 2477, 2503, 2521, 2531, 2539, 2543, 2549, 2551, 2557, 2579, 2591, 2593, 2609, 2617, 2621, 2633, 2647, 2657, 2659, 2663, 2671, 2677, 2683, 2687, 2689, 2693, 2699, 2707, 2711, 2713, 2719, 2729, 2731, 2741, 2749, 2753, 2767, 2777, 2789, 2791, 2797, 2801, 2803, 2819, 2833, 2837, 2843, 2851, 2857, 2861, 2879, 2887, 2897, 2903, 2909, 2917, 2927, 2939, 2953, 2957, 2963, 2969, 2971, 2999, 3001, 3011, 3019, 3023, 3037, 3041, 3049, 3061, 3067, 3079, 3083, 3089, 3109, 3119, 3121, 3137, 3163, 3167, 3169, 3181, 3187, 3191, 3203, 3209, 3217, 3221, 3229, 3251, 3253, 3257, 3259, 3271, 3299, 3301, 3307, 3313, 3319, 3323, 3329, 3331, 3343, 3347, 3359, 3361, 3371, 3373, 3389, 3391, 3407, 3413, 3433, 3449, 3457, 3461, 3463, 3467, 3469, 3491, 3499, 3511, 3517, 3527, 3529, 3533, 3539, 3541, 3547, 3557, 3559, 3571, 3581, 3583, 3593, 3607, 3613, 3617, 3623, 3631, 3637, 3643, 3659, 3671, 3673, 3677, 3691, 3697, 3701, 3709, 3719, 3727, 3733, 3739, 3761, 3767, 3769, 3779, 3793, 3797, 3803, 3821, 3823, 3833, 3847, 3851, 3853, 3863, 3877, 3881, 3889, 3907, 3911, 3917, 3919, 3923, 3929, 3931, 3943, 3947, 3967, 3989, 4001, 4003, 4007, 4013, 4019, 4021, 4027, 4049, 4051, 4057, 4073, 4079, 4091, 4093, 4099, 4111, 4127, 4129, 4133, 4139, 4153, 4157, 4159, 4177, 4201, 4211, 4217, 4219, 4229, 4231, 4241, 4243, 4253, 4259, 4261, 4271, 4273, 4283, 4289, 4297, 4327, 4337, 4339, 4349, 4357, 4363, 4373, 4391, 4397, 4409, 4421, 4423, 4441, 4447, 4451, 4457, 4463, 4481, 4483, 4493, 4507, 4513, 4517, 4519, 4523, 4547, 4549, 4561, 4567, 4583, 4591, 4597, 4603, 4621, 4637, 4639, 4643, 4649, 4651, 4657, 4663, 4673, 4679, 4691, 4703, 4721, 4723, 4729, 4733, 4751, 4759, 4783, 4787, 4789, 4793, 4799, 4801, 4813, 4817, 4831, 4861, 4871, 4877, 4889, 4903, 4909, 4919, 4931, 4933, 4937, 4943, 4951, 4957, 4967, 4969, 4973, 4987, 4993, 4999, 5003, 5009, 5011, 5021, 5023, 5039, 5051, 5059, 5077, 5081, 5087, 5099, 5101, 5107, 5113, 5119, 5147, 5153, 5167, 5171, 5179, 5189, 5197, 5209, 5227, 5231, 5233, 5237, 5261, 5273, 5279, 5281, 5297, 5303, 5309, 5323, 5333, 5347, 5351, 5381, 5387, 5393, 5399, 5407, 5413, 5417, 5419, 5431, 5437, 5441, 5443, 5449, 5471, 5477, 5479, 5483, 5501, 5503, 5507, 5519, 5521, 5527, 5531, 5557, 5563, 5569, 5573, 5581, 5591, 5623, 5639, 5641, 5647, 5651, 5653, 5657, 5659, 5669, 5683, 5689, 5693, 5701, 5711, 5717, 5737, 5741, 5743, 5749, 5779, 5783, 5791, 5801, 5807, 5813, 5821, 5827, 5839, 5843, 5849, 5851, 5857, 5861, 5867, 5869, 5879, 5881, 5897, 5903, 5923, 5927, 5939, 5953, 5981, 5987, 6007, 6011, 6029, 6037, 6043, 6047, 6053, 6067, 6073, 6079, 6089, 6091, 6101, 6113, 6121, 6131, 6133, 6143, 6151, 6163, 6173, 6197, 6199, 6203, 6211, 6217, 6221, 6229, 6247, 6257, 6263, 6269, 6271, 6277, 6287, 6299, 6301, 6311, 6317, 6323, 6329, 6337, 6343, 6353, 6359, 6361, 6367, 6373, 6379, 6389, 6397, 6421, 6427, 6449, 6451, 6469, 6473, 6481, 6491, 6521, 6529, 6547, 6551, 6553, 6563, 6569, 6571, 6577, 6581, 6599, 6607, 6619, 6637, 6653, 6659, 6661, 6673, 6679, 6689, 6691, 6701, 6703, 6709, 6719, 6733, 6737, 6761, 6763, 6779, 6781, 6791, 6793, 6803, 6823, 6827, 6829, 6833, 6841, 6857, 6863, 6869, 6871, 6883, 6899, 6907, 6911, 6917, 6947, 6949, 6959, 6961, 6967, 6971, 6977, 6983, 6991, 6997, 7001, 7013, 7019, 7027, 7039, 7043, 7057, 7069, 7079, 7103, 7109, 7121, 7127, 7129, 7151, 7159, 7177, 7187, 7193, 7207, 7211, 7213, 7219, 7229, 7237, 7243, 7247, 7253, 7283, 7297, 7307, 7309, 7321, 7331, 7333, 7349, 7351, 7369, 7393, 7411, 7417, 7433, 7451, 7457, 7459, 7477, 7481, 7487, 7489, 7499, 7507, 7517, 7523, 7529, 7537, 7541, 7547, 7549, 7559, 7561, 7573, 7577, 7583, 7589, 7591, 7603, 7607, 7621, 7639, 7643, 7649, 7669, 7673, 7681, 7687, 7691, 7699, 7703, 7717, 7723, 7727, 7741, 7753, 7757, 7759, 7789, 7793, 7817, 7823, 7829, 7841, 7853, 7867, 7873, 7877, 7879, 7883, 7901, 7907, 7919, 7927, 7933, 7937, 7949, 7951, 7963, 7993, 8009, 8011, 8017, 8039, 8053, 8059, 8069, 8081, 8087, 8089, 8093, 8101, 8111, 8117, 8123, 8147, 8161, 8167, 8171, 8179, 8191, 8209, 8219, 8221, 8231, 8233, 8237, 8243, 8263, 8269, 8273, 8287, 8291, 8293, 8297, 8311, 8317, 8329, 8353, 8363, 8369, 8377, 8387, 8389, 8419, 8423, 8429, 8431, 8443, 8447, 8461, 8467, 8501, 8513, 8521, 8527, 8537, 8539, 8543, 8563, 8573, 8581, 8597, 8599, 8609, 8623, 8627, 8629, 8641, 8647, 8663, 8669, 8677, 8681, 8689, 8693, 8699, 8707, 8713, 8719, 8731, 8737, 8741, 8747, 8753, 8761, 8779, 8783, 8803, 8807, 8819, 8821, 8831, 8837, 8839, 8849, 8861, 8863, 8867, 8887, 8893, 8923, 8929, 8933, 8941, 8951, 8963, 8969, 8971, 8999, 9001, 9007, 9011, 9013, 9029, 9041, 9043, 9049, 9059, 9067, 9091, 9103, 9109, 9127, 9133, 9137, 9151, 9157, 9161, 9173, 9181, 9187, 9199, 9203, 9209, 9221, 9227, 9239, 9241, 9257, 9277, 9281, 9283, 9293, 9311, 9319, 9323, 9337, 9341, 9343, 9349, 9371, 9377, 9391, 9397, 9403, 9413, 9419, 9421, 9431, 9433, 9437, 9439, 9461, 9463, 9467, 9473, 9479, 9491, 9497, 9511, 9521, 9533, 9539, 9547, 9551, 9587, 9601, 9613, 9619, 9623, 9629, 9631, 9643, 9649, 9661, 9677, 9679, 9689, 9697, 9719, 9721, 9733, 9739, 9743, 9749, 9767, 9769, 9781, 9787, 9791, 9803, 9811, 9817, 9829, 9833, 9839, 9851, 9857, 9859, 9871, 9883, 9887, 9901, 9907, 9923, 9929, 9931, 9941, 9949, 9967, 9973

09 互除法

まず問題。

399と741の最大公約数を求めなさい。

たとえば、42と60の最大公約数を求めるとき、右のようにする。7と10に公約数はないので、2×3＝6が最大公約数となる。

```
2) 42  60
3) 21  30
    7  10
```

では、399と741でもやると…、次が見つからない…。こんなときの必殺技。

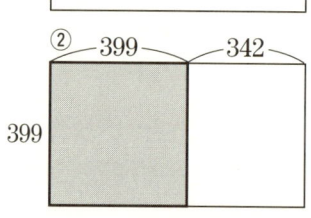

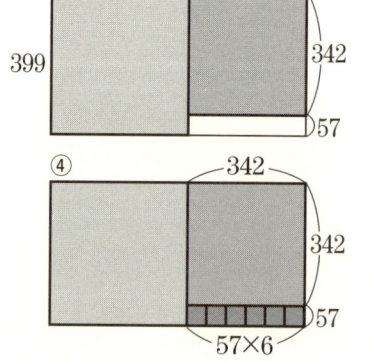

```
3) 399  741
?) 133  247
```

① 399×741の長方形を、できるだけ大きい正方形でしきつめることを考える。

② 一辺399の正方形ではどうかな？ダメ！342余った。

③ 残りの長方形で、一辺342の正方形ではどうかな？　ダメ！57余った。

④ 残りの長方形で、一辺57の正方形6個が、ピタッと入る。

　逆にさかのぼっていくと、全体が一辺57の正方形でしきつめられることがわかる。

この57が399と741の最大公約数。

計算で示すと右のようになる。

① 741÷399からはじめる

② 741÷399は商1余り342

③ 399を余りの342でわる。余り57

④ 342を余り57でわる。わり切れた

ので、57が最大公約数。

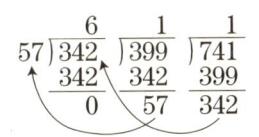

$$\begin{array}{r}6\\57\overline{)342}\\342\\\hline0\end{array}\quad\begin{array}{r}1\\\overline{)399}\\342\\\hline57\end{array}\quad\begin{array}{r}1\\\overline{)741}\\399\\\hline342\end{array}$$

ふたつの数に対して交互に**除法**をして、最大公約数を求める方法を「ユークリッドの互除法」と言う。紀元前300年頃にユークリッドが書いた「原論」に述べられている。その起源は、それ以前のピタゴラス学派の音階にあると言われている。

記号で互除法を書くと…

$a, b (a > b)$ を整数とする。a を b でわった商を q、余りを r とすると、

$$a = bq + r \quad (0 \leq r < b)$$

と書くことができる。

a と b の最大公約数を (a, b) と書くことにすると

$$(a, b) = (b, r)$$

となる。だから「a と b の最大公約数」を求めるかわりに、「b と余り r の最大公約数」を求めればよい、ということになる。

説明は省くが、これが互除法の根拠である。

[応用]

$\dfrac{3984}{5976} - \dfrac{5667}{13223} + \dfrac{310}{3255}$ を計算したい。それにはそれぞれの分数の分母、分子の最大公約数を求めて約分をしておくと、計算がラクになる。

10 ピタゴラス数

　学校で学んだ定理の中で、一番多くの人が印象的に覚えている定理はたぶん「三平方の定理」だ。「ピタゴラスの定理」ともよばれる。

　直角三角形の 3 辺の長さが a, b, c（c を斜辺の長さとする）のとき

$$a^2 + b^2 = c^2$$

が成り立つ。また逆に $a^2 + b^2 = c^2$ が成り立てば、直角三角形であるという、何とも美しい定理である。

　3 辺が 3, 4, 5 のとき

$$3^2 + 4^2 = 9 + 16 = 25 = 5^2$$

だから、この三角形はうまい具合に直角三角形になる。

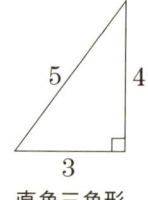

　3 辺が 4, 5, 6 では

$$4^2 + 5^2 = 16 + 25 = 41$$

$$6^2 = 36$$

だから $a^2 + b^2 = c^2$ は成り立たず、残念ながら直角三角形にならない。

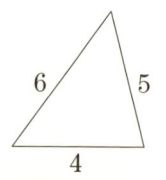

　もしも $a = 4, b = 5$ の直角三角形にしたければ $c = \sqrt{41}$ とすればよいのだが、根号（$\sqrt{}$）を使わなければならない。

（3, 4, 5）のように各辺が整数になるものはまだある。各辺を2倍して（6, 8, 10）としてもよい。

しかしこれは相似形だからあたりまえでおもしろくない。

$a = 5$, $b = 12$, $c = 13$ が合格することは昔から知られていた。

$$5^2 + 12^2 = 25 + 144 = 169 = 13^2$$

3辺とも整数の（3, 4, 5）（5, 12, 13）のような数の組をピタゴラス数と言う。他にピタゴラス数はないか？

式の計算が得意な方は、
$$(m^2 + n^2)^2 - (m^2 - n^2)^2 = 4m^2n^2$$
が成り立つことに気付かれることと思う。これは
$$(2mn)^2 + (m^2 - n^2)^2 = (m^2 + n^2)^2 \quad (*)$$
と書けば、$a = 2mn$, $b = m^2 - n^2$, $c = m^2 + n^2$（m, n は $m > n$ のどんな自然数でもよい）のとき、直角三角形であることを示している。

たとえば $m = 7$, $n = 5$ とすると $a = 70$, $b = 24$, $c = 74$ という新しいものが見つかる。

しかし、これは全部偶数で（35, 12, 37）と相似形だ。

ここでは詳しい証明を省くが、上の（*）の両辺を4でわった
$$(mn)^2 + \left(\frac{m^2 - n^2}{2}\right)^2 = \left(\frac{m^2 + n^2}{2}\right)^2$$
において、m, n（$m > n$）を互いに素（共約数をもたない）な奇数とすると相似な直角三角形が省かれ、しかもすべてのケースが求まることが知られている。これであなたも、たくさんのピタゴラス数を見つけられる。

11 黄金比

正方形の1辺と対角線の長さはよく知られているように

$$1 : \sqrt{2}$$

である。

では、正五角形の1辺と対角線の比は？ 実は

$$1 : \frac{1+\sqrt{5}}{2}$$

となる（約1：1.6）。

その理由。

△ABEと△FABが相似だから

$$AB : BE = BF : AB$$

1辺の長さを1、対角線の長さをxとすると

$$1 : x = (x-1) : 1$$

よって

$$x(x-1) = 1$$

$$x^2 - x - 1 = 0$$

2次方程式の解の公式を使って解くと

$$x = \frac{1 \pm \sqrt{1+4}}{2} = \frac{1 \pm \sqrt{5}}{2}$$

$x > 0$だから

$$x = \frac{1+\sqrt{5}}{2}$$

この $1 : \dfrac{1+\sqrt{5}}{2}$ という比を黄金比と言う（87ページ参照）。

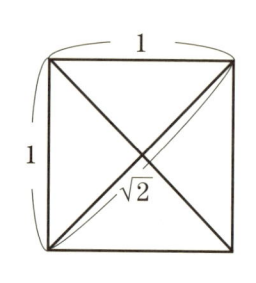

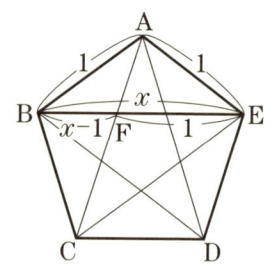

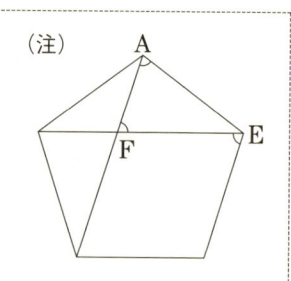

（注）△FEAは2等辺三角形になる。これは上の図を見るとわかる

第3章　数と計算のおもしろさ

　名刺のよことたての比は黄金比になっている。新書判の本のよこたての比も黄金比だ。
　この比は美術的に美しい比と言われていて、たとえば下のように、パルテノンの神殿のたてよこの比が黄金比だとか、ミロのヴィーナスのおへそは黄金比に分割した位置だとか言われている。

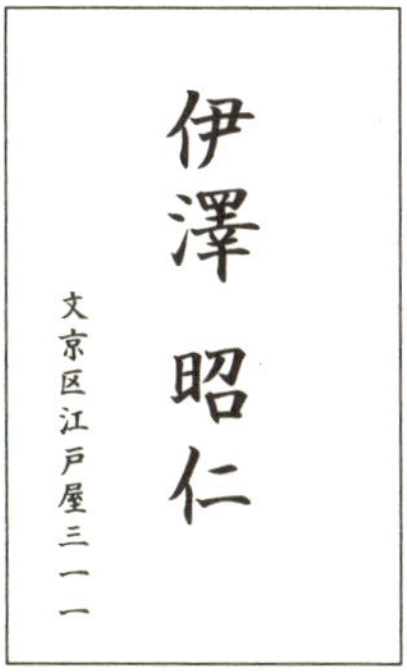

伊澤　昭仁

文京区江戸屋三一一

パルテノン神殿

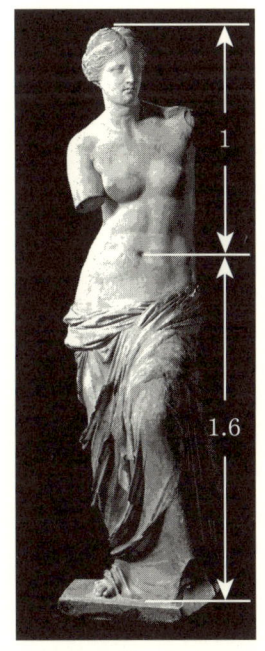

　しかしこれは、偶然だろうと言う人も多い。
　それにしても、やっぱり美しい比だから意識的に使おうという画家もいる。
　皆さんも絵を描くとき黄金比の利用に挑戦してみてはいかがでしょうか。

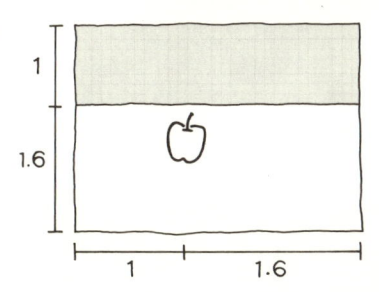

ミロのヴィーナス

12 フィボナッチ数

　13世紀のイタリアの数学者フィボナッチは、次の問題を研究した。
「1対の子ウサギがいる。この1対のウサギは1ヶ月後に成熟して、その翌月から毎月1対のウサギを生む。生まれた1対の子ウサギは、親と同様に1ヶ月で成熟して、その翌月から1対の子を生むとする。さて、1年後には何対のウサギになるか？」
　このウサギが増える様子を図で表してみよう。

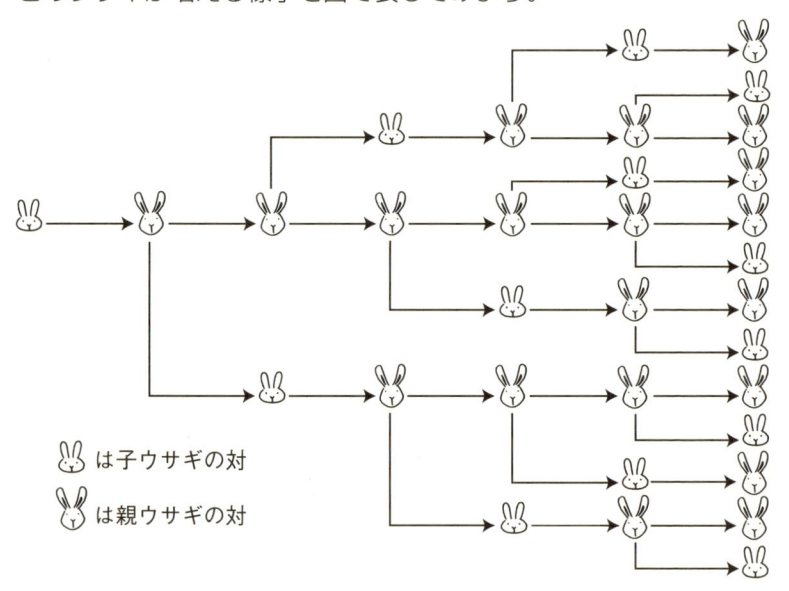

🐰 は子ウサギの対
🐰 は親ウサギの対

　nヶ月後のウサギの対の数を$f(n)$で表すと、図より、$f(0) = 1$, $f(1) = 1$, $f(2) = 2$, $f(3) = 3$, $f(4) = 5$, $f(5) = 8$, …となる。
　この数列は、どんな法則で増えているか調べてみよう。たとえば、$f(5) = 8$対は、親が5対に子が3対で、計8対ということであるが、親の5対は前月のウサギの対の数$f(4)$に等しい。また、子の3対は前

月の親の対の数に等しく、そのまた前の月のウサギの対の数 $f(3)$ に等しい。よって、次の関係が成り立つ。

$$f(5) = f(4) + f(3)$$

同様にして　$f(6) = f(5) + f(4) = 8 + 5 = 13$（対）

$$f(7) = f(6) + f(5) = 13 + 8 = 21 \text{（対）}$$

このように次々と計算して、$f(12) = 233$（対）が求められる。

一般に $f(0) = 1$, $f(1) = 1$, $f(n) = f(n-1) + f(n-2)$ $(n \geq 2)$ という法則で作り出せる数をフィボナッチ数と言う。

フィボナッチ数でらせんを作ってみよう。図のように 1×1 の正方形の上に、同じ正方形を置き、2×1 の長方形を作る。次にその脇に 2×2 の正方形を置き、2×3 の長方形を作る。以下同様に、長方形の長い辺に重なるように正方形を置いていく。それぞれの正方形に、図のような円弧をつけると、きれいならせんができあがる。

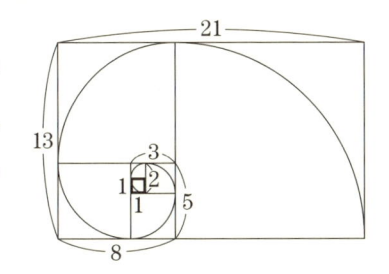

このらせんは $90°$ 回転するごとに拡大の倍率が $\dfrac{1}{1}$, $\dfrac{2}{1}$, $\dfrac{3}{2}$, $\dfrac{5}{3}$, $\dfrac{8}{5}$, $\dfrac{13}{8}$, …となる。この隣り合ったフィボナッチ数の比は、急速に黄金比 $\phi = \dfrac{1+\sqrt{5}}{2}$ に近づく。

式で証明することもできるが、逆に下図のように $1 : \phi$ の長方形から正方形を区切って作られたらせんを観察すると、そんな気がしてくるかもしれない。

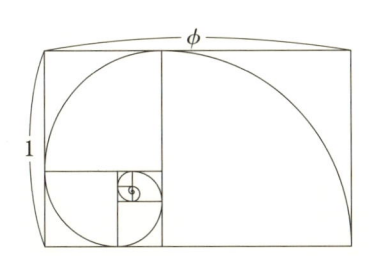

13 カタラン数

不等辺凸 n 角形を、対角線で $n-2$ 個の三角形にわける方法は何通りか？

四角形 2通り　　五角形 5通り

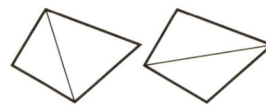

六角形のとき、七角形のときは、それぞれ何通りあるか。n 角形のときはどうなるかを考えてみよう。でも、六角形までは、次のようになる。

	三角形	四角形	五角形	六角形	七角形	八角形
通り	1	2	5	14		

この 1, 2, 5, 14, … をカタラン数と言う。

七角形ができたら、八角形を予想してみてほしい。

それから次の式で答えをたしかめるとよい。

n 角形の場合

$$\frac{(2n-4)!}{(n-2)!(n-1)!} \text{通り}$$

$$\left(\text{たとえば五角形のとき}\quad \frac{6!}{3!\ 4!} = \frac{6 \cdot 5 \cdot 4 \cdot 3 \cdot 2 \cdot 1}{3 \cdot 2 \cdot 1 \cdot 4 \cdot 3 \cdot 2 \cdot 1} = 5 \right)$$

六角形

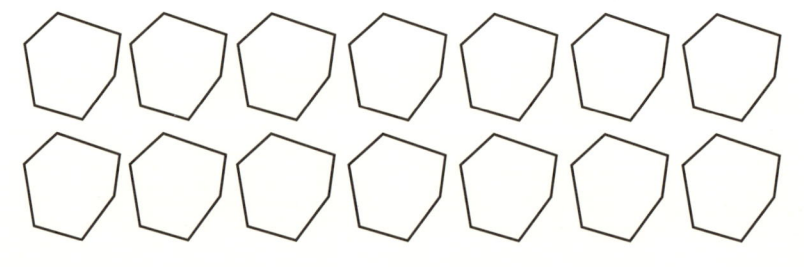

第３章　数と計算のおもしろさ

七角形（実際に線を引いて考えると、意外と楽しいもの！）

まず実際に線を引いて、もれなくかつダブらないように何通りあるか考えてほしい。

14 円周率 π

　円の直径を2倍すれば円周も2倍になり、直径を半分にすれば、円周も半分になる。一般に円周と直径の比率は一定で、この比率のことを円周率と言い、記号π（パイ）で表す。すなわち

$$\pi = \frac{(円周)}{(直径)}$$ で、πの値は、$\pi = 3.14159\cdots$である。

　円周率πは、数学のいたる所に顔を出すとても重要な定数。たとえば、面積・体積では、次のようになる。

円の面積$\cdots\cdots\pi r^2$

だ円の面積$\cdots\cdots\pi ab$

球の表面積$\cdots\cdots 4\pi r^2$

球の体積$\cdots\cdots \dfrac{4}{3}\pi r^3$

円環体の表面積$\cdots \pi^2(b^2-a^2)$

円環体の体積$\cdots\cdots \dfrac{1}{4}\pi^2(a+b)(b-a)^2$

◉アルキメデスの挑戦

　円周率πの正確な値を求めるために、古代から多くの人々が挑戦してきた。アルキメデスは、「ひとつの円に内接する正n角形の周囲の長さは円周より短く、円に外接する正n角形のそれは、円周より長い」という性質に着目した。

　nを十分大きくすると、2つの周は円周に限りなく近づく。彼はこれを利用してπの近似値を計算した。

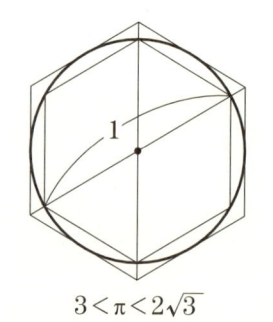

$3 < \pi < 2\sqrt{3}$

彼は、正六角形から始めて、辺の数を次々と2倍して、96角形まで行って、次の不等式を得た。

$$3\frac{10}{71} < \pi < 3\frac{1}{7}$$

小数になおせば、次の通りである。

$$3.1408\cdots < \pi < 3.1428\cdots$$

これは、πのおなじみの値、π≒3.14と同程度の近似値を与えている。

◉マチンの方法に挑戦

近代に入り、微積分学が発展してくるとπを計算するいろいろな公式が見つかるようになる。

ライプニッツの公式も、その1つ。

$$\frac{\pi}{4} = 1 - \frac{1}{3} + \frac{1}{5} - \frac{1}{7} + \frac{1}{9} - \frac{1}{11} + \cdots$$

しかし、この公式はπへの収束が遅く、計算には向いていない。それに対してマチンの公式とよばれる次の式は、収束が速く、計算に向いている。

$$\frac{\pi}{4} = 4\left(\frac{1}{1\cdot 5} - \frac{1}{3\cdot 5^3} + \frac{1}{5\cdot 5^5} + \cdots\right) - \left(\frac{1}{1\cdot 239} - \frac{1}{3\cdot 239^3} + \frac{1}{5\cdot 239^5} + \cdots\right)$$

たとえば最初の4つの項を計算しただけで、次のようにかなりよい近似値を出せる（今はもっとよい方法が知られている）。

$$4\left(\frac{1}{1\cdot 5} - \frac{1}{3\cdot 5^3} + \frac{1}{5\cdot 5^5}\right) - \frac{1}{239} \fallingdotseq 0.7854 \text{ より } \pi \fallingdotseq 4 \times 0.7854 = 3.1416$$

◉コンピュータで挑戦

現代に入るとコンピュータの出現によって、πの計算は新しい局面を迎えた。1949年アメリカのENIACによって、2037桁まで計算されたのを皮切りに、1999年になると日本の金田康正氏が東大のスパコンを用いて2061億5843万桁計算した。現時点での世界記録だ！

15 万有率 e

サラ金の話から始めよう。

悪どい金融会社が、年100％の利率で金を貸していたとする。A円借りて、1年間たつと、$A \times (1+1) = 2A$で元利合計が2倍になる。その金融会社は考えた。「そうだ！半年複利にしよう。」

これは、半年で利息を元金にくり入れるということ。

年利100％だから半年で50％の利息になり、元利合計は

半年後　$A(1+\frac{1}{2}) = 1.5A$

1年後　$(A(1+\frac{1}{2}))(1+\frac{1}{2}) = A(1+\frac{1}{2})^2 = 2.25A$　オッ2.25倍！

欲が出て、4ヶ月複利にしよう。そうすると利息は$\frac{1}{3}$年で$\frac{1}{3}$。

$\frac{1}{3}$年後　$1+\frac{1}{3} = 1.333\cdots$倍

$\frac{2}{3}$年後　$(1+\frac{1}{3})^2 = 1.777\cdots$倍

1年後　$(1+\frac{1}{3})^3 = 2.37\cdots$倍　これはシメシメ。

こんな調子で1ヶ月複利にし、利息は1ヶ月で$\frac{1}{12}$だから、

1年後　$(1+\frac{1}{12})^{12} = 2.613\cdots$倍

エイッ、1日複利ダ。利息は、1日で$\frac{1}{365}$だから、

1年後 $(1+\frac{1}{365})^{365} = 2.7145\cdots$倍

もっと、期間を縮めたい。瞬間複利にしよう！

瞬間複利で、1年後は

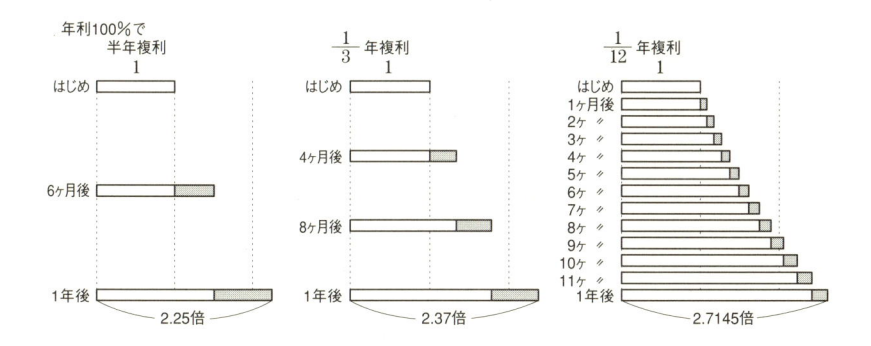

年利100%で半年複利、$\frac{1}{3}$年複利、$\frac{1}{12}$年複利のグラフ（それぞれ1年後に 2.25倍、2.37倍、2.7145倍）

$$\lim_{n \to \infty} \left(1 + \frac{1}{n}\right)^n$$

となる。これが、サラ金羨望の値で e と表される。

$h = \frac{1}{n}$ とおくと $\lim_{h \to 0}(1+h)^{\frac{1}{h}}$ とも表すことができる。

また

$$e = 1 + \frac{1}{1!} + \frac{1}{2!} + \frac{1}{3!} + \cdots + \frac{1}{n!} + \cdots$$

で与えられる（なぜかは、ちょっとややこしい）。

$n = 10$ まで計算すると

$$1 + \frac{1}{1!} + \frac{1}{2!} + \frac{1}{3!} + \cdots + \frac{1}{10!} = 2.7182818\cdots$$

となって小数点以下8桁までは、正確に求まる。

e はネピアの数とも万有率とも言われる。

この e は、対数の底として使われる。数学では、$\log x$ と底 e を省略することも多く、"自然対数"と言う。

$$(\log x)' = \frac{1}{x}, \quad (e^x)' = e^x$$

と微分も、スッキリとしている。オイラーが見つけた $e^{i\pi} = -1$ にいたっては、美の極致と言う人もいる。それは e が、自然を表現する大切な数だからだろうか？

16 虚数

2次方程式 $x^2 - x + 1 = 0$ を、解の公式（2・10参照）にあてはめてみよう。

$$x = \frac{-(-1) \pm \sqrt{(-1)^2 - 4 \cdot 1 \cdot 1}}{2 \cdot 1} = \frac{1 \pm \sqrt{-3}}{2}$$

あれ、変な部分がある。$\sqrt{-3}$ のような負の数の平方根はどう考えたらよいだろうか。

$$(\sqrt{-3})^2 = -3$$

であるらしい。$\sqrt{-3}$ は、2乗して－3となる数である、でいいのだろうか。かつてこんな数は、数として認められなかった。

近代の数学者たちは、負の数の平方根を数として認めるか、認めないか悩んだようだ。

一番、安直な解決法は、負の数の平方根など数として認めない！という立場に立つことだ。しかし、こうすると2次方程式は、解けるものと、解けないものが混在することになり、スッキリしない。

はじめは、この立場に立つ者が多かったが、数の仲間に加えた方が何かと都合がよいことが多いので、やがてすべての数学者が認める立場に変わってきた。

一番簡単な負の数の平方根は、2次方程式 $x^2 = -1$ の解から生まれる。

$$x^2 = -1 \quad \text{より} \quad x = \pm\sqrt{-1}$$

この－1の平方根の1つを、i と表すことにする。この i は

$$i^2 = -1 \cdots\cdots ①$$

の関係を満たす数とするのである。

第3章 数と計算のおもしろさ

さて、このiは、どんな数だろうか？

もしiが実数だとすれば、数値線上のどこかに位置しなければならない。

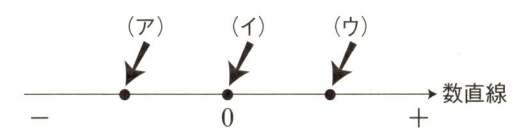

(ア) $i<0$としても$i^2>0$　(イ) $i=0$とすると$i^2=0$

(ウ) $i>0$とすると$i^2>0$

いずれも①の$i^2=-1$と矛盾する。

よって、iは実数ではない。

そこで、iのことを虚数単位、bi（bは実数, $b \neq 0$）のことを虚数（imaginary number）とよぶことにする。

負の数の平方根が、虚数であることは、次のように示される。

$x^2 = -k(k>0) \longrightarrow x = \pm\sqrt{-k}$（負の数の平方根）

$\left(\dfrac{x}{\sqrt{k}}\right)^2 = -1 \longrightarrow \dfrac{x}{\sqrt{k}} = \pm i \longrightarrow x = \pm\sqrt{k}\,i$（虚数）

すなわち　$\sqrt{-k} = \sqrt{k}\,i$　($k>0$)

これで、すべての2次方程式を解くことができる。たとえば、2次方程式 $x^2+3x+4=0$ を解いてみよう。

$$x = \frac{-3\pm\sqrt{3^2-4\cdot 1\cdot 4}}{2} = \frac{-3\pm\sqrt{-7}}{2} = \frac{-3\pm\sqrt{7}\,i}{2}$$

ところで、iの累乗はどうなるだろうか。

$i^2 = -1$

$i^3 = i^2 \cdot i = -i$

$i^4 = i^2 \cdot i^2 = (-1)\cdot(-1) = 1$

$i^5 = i^4 \cdot i = i$

どうやら循環するようである。

17 複素数

複素数とは、a, b を実数、i を虚数単位として
$$a + bi$$
と表される数のことである。

たとえば、$2+3i$、$-3+i$、$\sqrt{2}-i$ などは、すべて複素数である。

また 5 は、$5+0i$ とみなせるので、実数は複素数の特別な場合だと考えられる。

複素数 $a+bi$ の四則は、1次式の $a+bx$ と同じように計算する。ただし、$i^2=-1$ であるから、i^2 が出てきたら -1 に置きかえてよい。

＜加法・減法＞

$$(4+3i)+(3+i)=7+4i$$
$$(4+3i)-(3+i)=1+2i$$

＜乗法＞

$$(4+3i)(3+i)=12+4i+9i+3i^2$$
$$=12+4i+9i-3=9+13i$$

＜除法＞

$$\frac{4+3i}{3+i}=\frac{(4+3i)(3-i)}{(3+i)(3-i)}=\frac{12-4i+9i-3i^2}{9-i^2}=\frac{15+5i}{10}$$
$$=\frac{3}{2}+\frac{1}{2}i$$

除法については、上のように分母・分子に同じ複素数をかけて、分母の複素数を実数化するという独特の方法をとる。上の例では、分母が $3+i$ なので $3-i$ をかけたが、一般に分母が $a+bi$ だったら $a-bi$ をかければよい。

$$(a+bi)(a-bi) = a^2 - b^2 i^2 = a^2 + b^2$$

複素数 $a+bi$ に対して、$a-bi$ を共役な複素数とよぶ。

このように複素数でも四則計算が自由にできる。

ところで、虚数 i は、実数の範囲では解をもたない2次方程式 $x^2+1=0$ が、解をもつようにという要請から生まれた数であった。

このような虚数 i を認めてしまえば、どんな2次方程式 $ax^2+bx+c=0$ も、複素数の範囲で必ず解

$$x = \frac{-b \pm \sqrt{b^2-4ac}}{2a} \quad \left(\text{または } x = \frac{-b \pm \sqrt{4ac-b^2}\,i}{2a}\right)$$

をもつと言える。

どんな高次方程式でも、複素数の範囲で解をもつだろうか？

3次方程式 $x^3-1=0$ を解いてみよう。この左辺は因数分解できるので

$$(x-1)(x^2+x+1) = 0$$
$$x-1=0 \quad \text{または} \quad x^2+x+1=0$$

よって

$$x=1 \quad \text{または} \quad x = \frac{-1 \pm \sqrt{3}\,i}{2}$$

ガウス Gauss (1777～1855)

やはり、複素数の範囲で3つの解をもっている。

では、一般に n 次方程式 $a_0 x^n + a_1 x^{n-1} + \cdots\cdots + a_{n-1} x + a_n = 0$ は必ず複素数の範囲で解をもつだろうか？　それとも、解をもたないような方程式があり、虚数 i の他に、また新しい数を誕生させなければならないだろうか？

これを肯定的に解決したのが19世紀のドイツの数学者ガウスである。「n 次方程式は、複素数の範囲で必ず解をもつ」という定理は、「代数学の基本定理」とよばれ、その後の方程式の理論の基礎になった。

18 複素平面

複素数とは、a, b を実数、i を虚数単位として

$$a + bi$$

と表せる数のことであった。

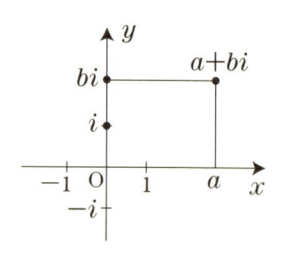

複素数は右のように、$a + bi$ を座標平面上の (a, b) に対応させて目盛ることができる。$i = 0 + 1i$ だから $(0, 1)$ の点に i が目盛られる。これが「愛のメモリー」だなどと、ふざけたことを言う人もいた（著者本人！）。

x 軸上には実数、y 軸上には純虚数が目盛られ、それぞれ実軸、虚軸とよぶ。

こうして、すべての複素数はこの平面上に目盛ることができ、この平面を複素平面、あるいは発明者の名前を使ってガウス平面と言う。

たとえば右の A 〜 D は次の複素数を表す。

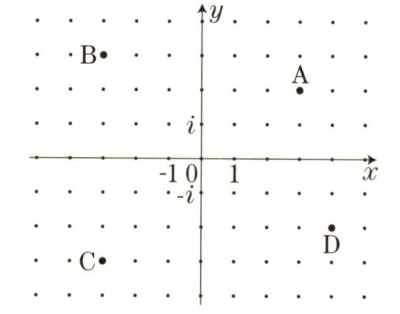

A $3 + 2i$
B $-3 + 3i$
C $-3 - 3i$
D $4 - 2i$

複素平面、そして発明したガウスのすごいところはこれからだ。

以下のように、複素数の計算の持っていた構造が幾何学的イメージとして明らかにされる。

第3章　数と計算のおもしろさ

ア．複素平面上の点に、ある複素数 w を加えると、平行移動する。

イ．複素平面上の点を、実数倍すると、放射状に遠のく(または近づく)。

ウ．複素平面上の点に、i をかけると、90°回転する。

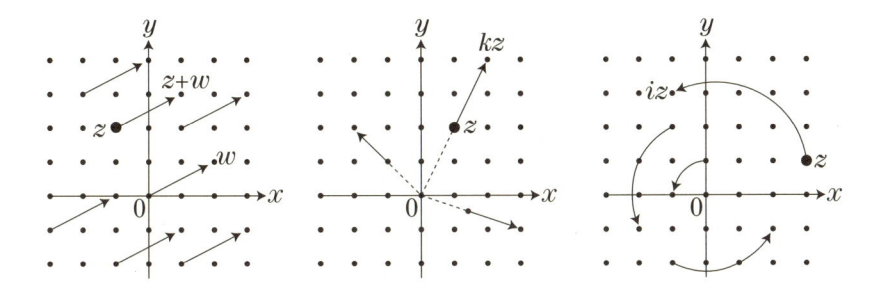

これらは具体的な例でたしかめていただくとすぐにわかる。

エ．複素平面上の点に、複素数 $w = a + bi$ をかけると……

　　$z(a+bi) = az + b(zi)$ だからア、イ、ウを使って下の左図のようなところに移る。

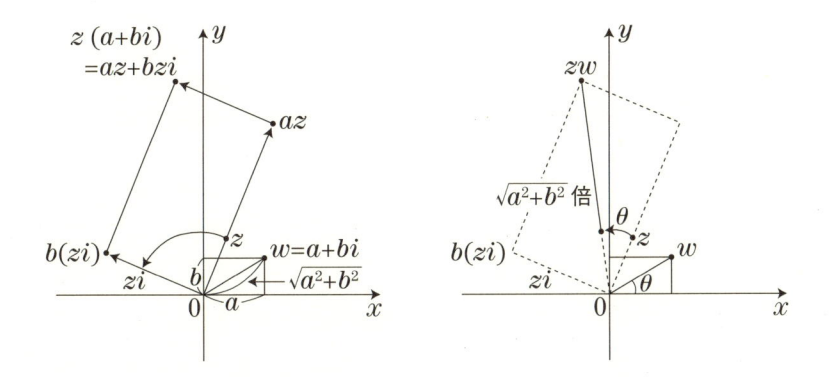

右図のように、複素平面上の各点は、w をかけることによって、θ（これを w の偏角と言う）だけ回転し、放射状に $\sqrt{a^2+b^2}$（これを w の大きさと言う）倍に伸ばした点に移る。

　こうして複素平面は、複素数に命をふき込んだ。

19 ガウスの素数

素数と言えば、2, 3, 5, 7, 11, 13, 17, 19, ……と無限につづく。

その他の数は $4 = 2^2, 6 = 2 \times 3, 8 = 2^3, 9 = 3^2, 12 = 2^2 \times 3, 14 = 2 \times 7, 15 = 3 \times 5, 16 = 4^2, 18 = 2 \times 3^2$ と素因数に分解できる。

では、複素数の場合の"素数"はどうなるだろう。$a + bi$ で a, b とも整数のとき、"ガウス整数"と言うことがある。

そこで、ガウス整数の範囲で 2 や 5 を考えると……

$$2 = (1+i)(1-i), \quad 5 = (2+i)(2-i)$$

となり、なんと因数に分解でき、素数でないことになる。これはおもしろい。そこでガウス整数の素数"ガウス素数"を、次のように定める。

「$1, -1, i, -i$ と、それ自身以外ではわり切れないガウス整数をガウス素数と言う」

最初、手計算でシコシコと素数を見つけてみた。右図は、複素数平面に、わかりやすいように■で素数をしるしたもの。$5 + 2i$ は■だから素数、$5 + 3i$ は $(1+i)(4-i)$ となり"しるし"なし。手計算では大変！ 本当に素数なのか、因数が見つけられないだけなのか自信がない。

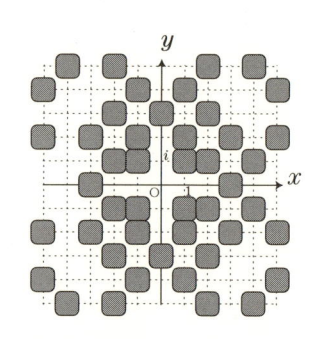

そこで、パソコンの力を借りた。複素数 z の絶対値 $|z|$（原点からの距離）が 30 以下について、判定する。まず、$0, \pm 1, \pm i$ を消す。

そして消えていない数の中で、絶対値が最小のもののひとつ α を選び、その倍数を消す。これをくり返すと残ったものが"ガウス素数"。

キレイな分布になる。"ふつうの素数"の素数定理「n までの素数の数は

第3章 数と計算のおもしろさ

$\frac{n}{\log n}$ で近似できる」というような法則が、ガウス素数でもあるかは残念ながら知らない。

下の図は、ある国際数学教育の研究会でスカーフとして展示していたものの写真である。

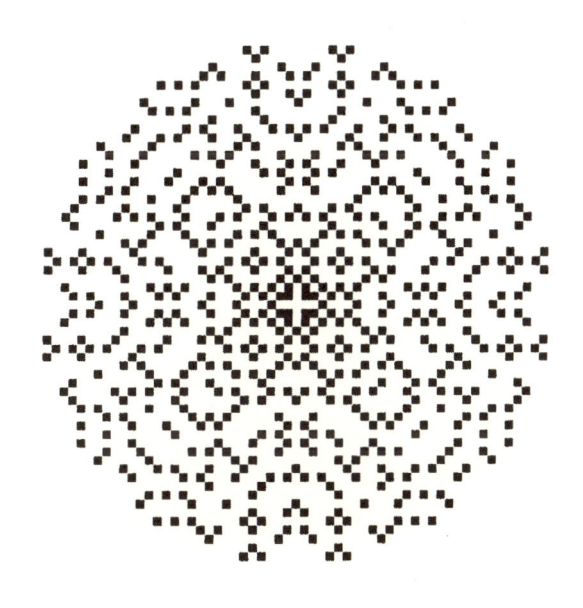

これで、「フクソスウノソスウ」を知ったのだが、上の分布と違うところがあってドキッ。

$8 + 15i$ がスカーフでは素数になっている。

しかし $8 + 15i$ は因数に分解できる。やってみてください。

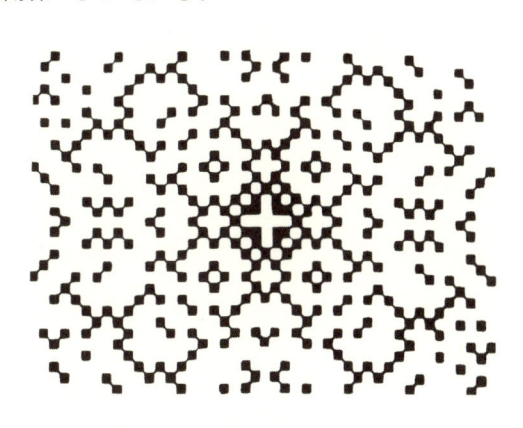

$8 + 15i = (1 + 4i)(4 - i)$

141

20 オイラーの公式

複素平面の図のような円周上に点P_1をとる。
この点P_1の複素数は

$$\cos\theta + i\sin\theta$$

と表される。

複素平面上では、複素数$\cos\theta + i\sin\theta$を
かけると、点Oを中心にθだけ回転した点に
動くので、$(\cos\theta + i\sin\theta)^2$は点$P_1$を$\theta$だけ回転
したP_2を表す複素数になる。よって

$$(\cos\theta + i\sin\theta)^2 = \cos 2\theta + i\sin 2\theta$$

また$(\cos\theta + i\sin\theta)^3$は点$P_2$を$\theta$だけ回
転したP_3を表す複素数になる。よって

$$(\cos\theta + i\sin\theta)^3 = \cos 3\theta + i\sin 3\theta$$

同様にして、$(\cos\theta + i\sin\theta)^4$, $(\cos\theta + i\sin\theta)^5$, ……を考えて

$$(\cos\theta + i\sin\theta)^n = \cos n\theta + i\sin n\theta$$

が成立することが示される。この式はド・モアブルの公式とよばれている。

$f(\theta) = \cos\theta + i\sin\theta$とおく。

ド・モアブルの公式のnが、任意の実数で成立すると仮定すると

$$f(\theta) = \cos\theta \cdot 1 + i\sin\theta \cdot 1$$

$$= (\cos 1 + i\sin 1)^\theta$$

となる。どうやら$f(\theta)$は、指数関数で表すことができそうだ。

$f(0) = 1$の条件を満たす指数関数を考えればよいので

$$f(\theta) = e^{k\theta}$$

としてみる。この k はどんな数になるだろうか。

この式を θ で微分すると
$$f'(\theta) = ke^{k\theta} = kf(\theta) \cdots\cdots ①$$
となる。

また、$f(\theta) = \cos\theta + i\sin\theta$ を θ で微分すると
$$f'(\theta) = -\sin\theta + i\cos\theta = i(\cos\theta - \frac{1}{i}\sin\theta)$$
$$= i(\cos\theta + i\sin\theta) = i \cdot f(\theta) \cdots\cdots ②$$
となる。①と②を比較すると、$k = i$ となることがわかる。

これより
$$e^{i\theta} = \cos\theta + i\sin\theta$$
が導ける。

この式を"オイラーの公式"と言う。

左辺は指数関数で、右辺は三角関数である。つまり、この公式は、指数関数の世界と三角関数の世界を結びつける役割を持っている。

それは、太平洋と大西洋をつなぐパナマ運河のようなものと考えてよいと思う。

この公式を使えば、$\sin\theta, \cos\theta$ を指数関数で表すことができる。
$$\sin\theta = \frac{e^{i\theta} - e^{-i\theta}}{2i}, \quad \cos\theta = \frac{e^{i\theta} + e^{-i\theta}}{2}$$

また、$\theta = \pi$ とすると、万有率 e、円周率 π、虚数単位 i の3つの重要な数を結びつける美しい公式が得られる。
$$e^{i\pi} = -1$$

ちょっとひと言

「学校の勉強は役に立ったか」という話には、つづきがある。
　「いい大学・いい会社に入るのに役だった」
という人も少なくないからである。これは煎じ詰めればお金のため、上品に言えば
　「経済的に豊かな生活が保証されるため」
ということであろう。そのせいか最近は
　「どうすれば勉強せずに、単位とか資格を取れますか」
という質問をする大学生もいる。さる長老教授は、授業中におしゃべりをする学生に「なんで君たちは教室に来てるんだ」と聞いたら
　「だってー、来なきゃお友達に会えないですもーん」
という返事であった、と笑っておられたが、これは「あんたの授業を聞きに来てんじゃねーんだよ」ということにほかならない。

　これはやや極端な例であって、「お金のため」派の考えにも、十分な理由がある。実際「お金がなければ、まともに暮らしていかれない」のは確かである。しかし「役に立つ」のはお金それ自体よりその使い方であるし「お金では買えない、幸せがある」ことも確かである。美しい景色を見たり、かわいい小鳥のさえずりを聴いても、感動する心が枯れ果てていたら、幸せにはなれない。逆に感動する心さえあれば、美術や音楽、詩や小説でも「役に立つ」ことがある。

　フランスの飛行家・作家サンテグジュペリ（1900〜1944）はよいことを言った：
　　それは美しい。だからほんとうに役に立つ。

第4章
数と計算の体系

1. 数の代数的性質
2. 反数と逆数
3. 背理法
4. 数学的帰納法
5. 数学的帰納法をめぐる誤解
6. まちがっているかもしれない証明
7. ペアノの公理系
8. 拡張と同一視
9. 実数の連続性
10. 演算の連続性
11. 無限を数える
12. 対角線論法
13. 4元数
14. p進数

数学の進む道は、「理想化」と「一般化」である。

昔々の数学者たちは、世の中の混沌とした現象から、何かしら変わらないもの、あるいは「変わらないように見えるもの」を見つけて、それを理想化し、言葉できちんと想定して、研究対象としてきた。序文や第1章あたりでは、数学の対象は「標準的なもの」と言っていたが、正しくは「理想的なもの」である。たとえばユークリッド（ギリシャ時代の数学者、前350？〜前275？）が扱った

　　　「位置だけあって大きさのない点」

とか

　　　「無限に広い空間」

などは、現実には確かめようがない、まさに理想的なものである。これがみごとな実りをもたらしたのは、これがただ単に「世の中で標準的」ということではない、何かしら「美しい構造」にかかわりがあったからに違いない。

「理想化」が成功すると、応用範囲を広げるために「一般化」が始まる。代数で言えば

　　　1次（2次、3次……）方程式は解けるようになったから、

　　　2次（3次、4次……）方程式を考えよう

というふうに、問題を一般化することもあるし、またそれとも関連しているが

　　　自然数→整数→有理数→実数→複素数→…

のように、道具を一般化してゆくこともある。あとの場合、新しく作った道具の性質を調べたくなるので、問題領域も広がっていく。そこで明らかにされた性質（たとえば実数の連続性）から、新しい方法

（方程式の解を、数値的に求める方法）が確立されることもある。

　この章では、数と計算の風景を
　　　　今までよりは少し高い位置から眺める
ことを試みている。たとえば

　　　　分数のわり算：どうしてひっくり返してかけるの？

という疑問に、第1章では「具体的な意味」を説明しながら答えている（1・21）が、この章では「形式的な意味」に重点をおいて解説している（4・02）。「具体的な意味を考えないと、わかった気になれない」という人が多いであろうけれど、「形式的な説明を聞いて、はじめてナットクできた」という人もいる。どちらでも「わかった！」と思えれば、あとの応用力に差がつくわけではないが、「ふたつのまったく異なる視点があるんだ」ということは、知っておくとよい、と私は思う。

　なお「数の最先端」として、4元数（quaternion）やp進数（p-adic number）の説明もさいごに入れておいたが、これは手ごわくて、その意味を十分にわかりやすく説明することはできなかった。「熱心な読者へのプレゼント」のつもりなので、さしあたりは「ずいぶん変わった数もあるなあ」というふうに感じていただくだけで十分である。

　それでは「数の代数的性質」から、ゆっくりごらんください。

01 数の代数的性質

数の四則演算（加減乗除）にどんな構造があるか見てみよう。まず、数の鳥瞰図(かん)。

○自然数の池

たし算かけ算は自由にできるぞ。ひき算、わり算はできないこともある。

2－3はダメ

5÷2もダメ

○整数の池

たし算、かけ算、ひき算は自由。わり算はできないこともあり。

6÷7はダメ

○有理数の湖

四則演算

＋、－、×、÷が自由にできる。

○実数の湖

四則演算

＋、－、×、÷が自由にできる。

○複素数の海

四則演算＋、－、×、÷が自由！

（注）どの池・湖・海でも、0ではわれないよ。

すこし、記号を使って説明すると……

●自然数（とりあえず0も含める）は次の基本的性質がある

a, b, c を自然数とすると

① $a + b$ は自然数

② $(a + b) + c = a + (b + c)$

③ $a + 0 = a$

④ $a \times b$ は自然数

⑤ $(a \times b) \times c = a \times (b \times c)$

⑥ $a \times 1 = a$

注）$a + a' = 0, a \times a'' = 1$ となる a', a'' の存在が保証されないので、残念ながら、ひき算、わり算は必ずしもできない。

◉**整数は次のようになる**

a, b, c を整数とする

① $a + b$ は整数
② $(a + b) + c = a + (b + c)$
③ $a + 0 = a$
④ $a + a' = 0$ となる $a' = -a$ がある

　　　　　　　　　　　　　　加法について "群" をつくると言う

⑤ $a(b + c) = ab + ac, \ (a + b)c = ac + bc$
⑥ $a \times b$ は整数
⑦ $(a \times b) \times c = a \times (b \times c)$
⑧ $a \times 1 = a$

①〜⑧：加法・乗法で "環" となると言う

注）$a \times a' = 1$ となる a' の存在が保証されないので、わり算が必ずしもできない。

◉**有理数、実数、複素数のそれぞれについて次のようになる**

① 加法について群になる
② 0以外について、乗法について群になる
　$(a \times a' = 1$ となる $a' = \dfrac{1}{a}$ がある$)$

"体（たい）" をつくると言う

ひらたく言うと有理数、実数、複素数、それぞれの中で四則演算（＋、－、×、÷）が常にできるということ（÷0だけが例外）。四則演算について "閉じている" と言ったりする。3－5＝－2は、自然数の範囲ではできないが、整数の範囲では自由にでき、「答えも整数の世界に閉じこめられる」――という気分である。

02 反数と逆数

◉ 0と1の役割

たし算における0の役割とかけ算における1の役割は同じ。

$a + 0 = a \quad a \cdot 1 = a$

$0 + a = a \quad 1 \cdot a = a$

すなわち、0をたしても、0にたしても、その数は不変であり、1をかけても、1にかけても、その数は不変だということ。

◉ 反数と逆数

$a + x = 0$ あるいは $x + a = 0$ となる数 x のことを a の反数と言う。この式を満たす数は $x = -a$ なので、

「a の反数とは、a の符号を反対にした数」

と言うこともできる。

たとえば、3の反数は -3 であり、-2 の反数は $-(-2) = 2$ になる。

$a \cdot x = 1$ あるいは $x \cdot a = 1$ となる数 x のことを a の逆数と言う。この式を満たす数は $x = \dfrac{1}{a}$ である。

たとえば

$$3 \times \dfrac{1}{3} = 1, \ \dfrac{2}{3} \times \dfrac{3}{2} = 1, \ 2.5 \times 0.4 = 1$$

であるから、3の逆数は $\dfrac{1}{3}$、$\dfrac{2}{3}$ の逆数は $\dfrac{3}{2}$、2.5の逆数は0.4になる。

一般に a の逆数 x は $x = \dfrac{1}{a}\ (= 1 \div a)$ で表せるが、分数については

「$\dfrac{q}{p}$ の逆数とは、$\dfrac{q}{p}$ の分母・分子をひっくり返した数 $\dfrac{p}{q}$」

と言うこともできる。

◉ たし算の逆算、かけ算の逆算

たし算の逆算はひき算で、次の2つの式は同値である。

$$x = b - a \longleftrightarrow x + a = b \cdots\cdots ①$$

かけ算の逆算はわり算で、次の2つの式も同値になる。

$$x = b \div a \longleftrightarrow x \cdot a = b$$

$$x = \frac{s}{r} \div \frac{q}{p} \longleftrightarrow x \cdot \frac{q}{p} = \frac{s}{r} \cdots\cdots ②$$

◉ ひき算と反数

ところで

$$x + a = b$$

の両辺に a の反数 $-a$ をたすと

$$x + a + (-a) = b + (-a) \quad 左辺は x + 0 = x となるので x = b + (-a)$$

①より $b - a = b + (-a)$ となる。ここから「ある数をひく」とは、「その数の反数をたす」ことと考えてよい。だから $2 + (-3)$ と $2 - 3$ とは、同じことなのである。

◉ わり算と逆数

同じように「ある数でわる」とは、「その数の逆数をかける」のと同じことである。実際、$x = b \div a$ ならば $x \cdot a = b$ であるが、この両辺に a の逆数 a' をかければ、左辺は $x \cdot a \cdot a' = x$、右辺は $b \cdot a'$ になるから、当然 $x = b \cdot a'$ である。特に a が分数 $\frac{q}{p}$ ならば、その逆数 a' は $\frac{p}{q}$ であるから、

$$b \div \frac{q}{p} = b \times \frac{p}{q}$$

が成り立つ。だからたとえば、

$$\frac{2}{3} \div \frac{5}{4} = \frac{2}{3} \times \frac{4}{5} = \frac{8}{15}$$

とすればよい。

03 背理法

「私を産んだ母は、私より年齢が上だ」
という、あたりまえのことを誰も証明しようとは思わない。しかし、頭の中では、
「母が私と同じ年か下なら、私を産むことができないじゃないか」
と一瞬に思考回路が働く。これが、立派な証明になっている。
「これこれは、なになにだ。」
ということを証明するのに、
「これこれは、なになにでないとしたら、おかしな結果になる」
ということを述べて証明する方法を、背理法と言う。

◉「素数の数は、無限だ」を証明してみよう

まず、「素数の数は有限個しかない」と仮定する。
だったら、最大の素数があることになるので、それを p とする。素数は $2, 3$ とはじまって、p までということになる。そこで、

$$2, 3, 5, 7, 11, 13, 17, 19, \cdots\cdots, 1999, 2003, \cdots, 2^{859433}-1, \cdots, p$$

←これも素数なんだっ。

の全部の素数をかけて、それに1をたした数 N をつくる。

$$N = 2\times 3\times 5\times 7\times\cdots\cdots\times 1999\times 2003\times\cdots\times(2^{859433}-1)\times\cdots\times p + 1$$

この N は、合成数のはずだ。なぜって？ 素数の最大は p としたから。じゃ、素数のどれかでわれるはずなのでわってみる。

2でわると1余る。3でわっても1余る。5でわっても1余る。…pでわっても1余る。ということは、Nは素数になっちゃった。

これはおかしい。そうだ、「素数は有限個しかない」とした仮定が間違いなのだ。だから、素数は無限にあることになる。（証明終わり）

◉「一辺1の正方形の対角線の長さは有理数ではない」を証明しよう

一辺が1の正方形において、

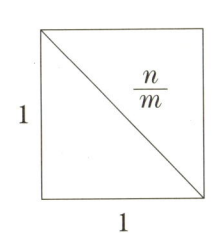

「正方形の対角線の長さは、有理数である」と仮定する。

そこで、対角線は $\dfrac{n}{m}$ と既約分数で表す。

有名なピタゴラスの定理により

$$\frac{n^2}{m^2} = 1^2 + 1^2$$

よって、$n^2 = 2m^2$ となる。

さて、これを見ると、n^2 は偶数であるから n も偶数になる。だったら、m^2 も偶数になる。なぜって？ $n = 2a$ とすると、$4a^2 = 2m^2$ より、$2a^2 = m^2$ だから。よって m も偶数である。

アレレ、m も n も偶数になって、$\dfrac{n}{m}$ は約分できることになる。$\dfrac{n}{m}$ は既約分数で約すことはできないはずなのに。ということで、有理数と仮定したのが間違いだったのだ。（証明終わり）

このように「なになにでない」と仮定して矛盾を導き、「なになにだ」ということを証明するこの背理法は、数学では大活躍する。

04 数学的帰納法

　数についてのいろいろな法則の発見は、いくつかの具体例から帰納してなされることが多い。たとえば

$$1 = 1 = 2^1 - 1$$
$$1 + 2 = 3 = 2^2 - 1$$
$$1 + 2 + 2^2 = 7 = 2^3 - 1$$
$$1 + 2 + 2^2 + 2^3 = 15 = 2^4 - 1$$

これから、次の式が成り立つだろうという予想が生まれる。

$$1 + 2 + 2^2 + 2^3 + \cdots\cdots + 2^{n-1} = 2^n - 1 \cdots\cdots ①$$

　この予想がいくら正しいと確信したとしても、それだけではこの式が正しいということは保証できない。この式が
「すべての自然数 n について成り立つ」
という数学的な証明が必要だ。
　このことは、一見不可能なようにも思える。
$n = 5$, $n = 6$, $n = 7$ というように自然数の階段を一歩ずつのぼっていったら、いつまでも終わらない…。
　自然数の無限の階段を一挙にのぼる方法がほしい。そこで発明されたのが、数学的帰納法だ。この証明法は、Ⅰ, Ⅱ, Ⅲの3つのステップからできている。

　Ⅰ. $n = 1$ のとき、成立する。
　Ⅱ. $n = k$ のとき成立すると仮定すれば $n = k + 1$ のとき成立する。

Ⅲ. Ⅰ, Ⅱより、すべての自然数 n について成立する。

Ⅲは決まり文句であるから、ⅠとⅡさえできれば、証明されたことになる。その理由は、次のように考えればわかると思う。

まずⅠから、$n=1$ のときはたしかに正しい。ところがⅡで $k=1$ とおいてみると「$n=1$ のとき正しければ $n=2$ のときも正しい」となる。したがって、$n=2$ のときも正しい。次に再びⅡで $k=2$ とおいてみると「$n=2$ のとき正しければ $n=3$ のときも正しい」となる。だから $n=3$ のときもオーケーである。あとはだまっていても、自動的に「ドミノ倒し」が進行して、すべてのドミノが倒れ、証明が完成する（次項参照）。

では、前ページの①を、数学的帰納法で証明してみよう。

Ⅰ. $n=1$ のとき、左辺 $=1$、右辺 $=2^1-1=1$ で成り立つ。

Ⅱ. $n=k$ のとき成立すると仮定すると
$$1+2+2^2+2^3+\cdots+2^{k-1}=2^k-1$$
これを使って $n=k+1$ のとき成立することを示す。
$$\underline{1+2+2^2+2^3+\cdots+2^{k-1}}+2^k=\underline{2^k-1}+2^k=2\cdot 2^k-1$$
$$=2^{k+1}-1$$

Ⅲ. Ⅰ, Ⅱよりすべての自然数 n について成り立つ。

このように、自然数 n を含んだいろいろな法則が、数学的帰納法を使って証明することができる。

05 数学的帰納法をめぐる誤解

　数学的帰納法の証明のスタイルは独特なので、いろいろな誤解を持たれやすい。一番の誤解は、証明の第2段階の

　「$n=k$のとき成立する」 → 「$n=k+1$のとき成立する」
　　（帰納法の仮定）　　　　　（帰納法の結論）

の部分から生じる。

　生徒「$n=k$の場合って言うけど、このkって何ですか？」
　先生「何でもいい、任意の数だ！」
　生徒「任意の数について正しいと仮定したのなら、証明は終わりじゃないですか？」
　先生「ムムム……!?」

　まず、生徒は二重の誤解をしていると思われる。第1の誤解は
　「任意の数」＝「すべての数」
と受けとめていること。たしかにすべての数で正しいと仮定できるとしたら、証明なんか必要ないという気持ちもわからないでもない。

　実は、先生の言っている「任意の数」とは、「（勝手に選んだ）ある数」のことなのだ。先生の言葉の使い方も不適切だったと思う。

　第2の誤解は、証明の第2段階の目標が『（仮定）→（結論）』全体でひとつの条件文になっていることがよくわかっていないということ。

　$n=k=3$のとき正しければ、$n=k+1=4$のときも正しいということを言っている。けっして「条件文だけ切りはなして、すべ

てのkについて正しい」ことを仮定しているわけではない。

つまり、仮定の「$n=k$の場合正しい」としても、その仮定のもとにきちんと結論の「$n=k+1$のとき成立する」ことを導けるかどうか調べなければならない。

このことに関連して、次のような珍証明を紹介しよう。

「この問題は、正しいか正しくないかのどちらかである。

もし正しくないならば、出題されるわけはない。

この問題は、現に出題されているので、正しい。証明終わり。」

また結論、「すべての自然数nについて成り立つ」という部分から生じる誤解もある。

Ⅰ. $0.9<1$ は正しい

Ⅱ. $\overbrace{0.999\cdots9}^{k個}<1$ ならば $\overbrace{0.999\cdots99}^{k+1個}<1$ が成り立つ。

Ⅲ. Ⅰ, Ⅱよりすべての自然数nについて成り立つのだから

　　$0.999\cdots<1$

あれ、$0.999\cdots=1$だったはずなのに、おかしい！

「すべての自然数について成り立つ」と「無限にしても成り立つ」とを混同してはいけない。すべての自然数nについて「有限和$1+2+\cdots+n$は有限である」からといって、「無限和$1+2+3+\cdots$も有限になる」とは言えない。有限小数$0.999\cdots9$は1より小さいが、無限小数$0.999\cdots$は1に等しいのである。

06 まちがっているかもしれない証明

　少し頭の体操をしよう。ふだんの生活でも信用してはいけないことを、ついうっかり「もっともだ」と信用してしまうことが多い。たとえば「あなた、私の大親友でしょう？　だから、私があなたをだますわけないでしょう！」

　信用したい気持ちと、正しいかどうかは別問題！

その1)

$$1 = 1$$
$$4 - 3 = 6 - 5$$
両辺2乗して $(4-3)^2 = (6-5)^2$
$(6-5)^2 = (5-6)^2$ より $(4-3)^2 = (5-6)^2$
よって　　$4 - 3 = 5 - 6$
移項すると　　$10 = 8$

これは「よって」のところがまちがっている。

その2)　$x = y$ とする

$$x^2 = xy$$
また　　$y^2 = x^2$
よって　　$x^2 - y^2 = xy - x^2$
因数分解すると $(x+y)(x-y) = (y-x)x$
よって　　$x + y = -x$
すると　　$y = -2x$
$x = y = 1$ とすると　　$1 = -2$

これも両辺を $x - y$ ($= 0$) でわったところがまちがいである。

ではもっと悩ましい例を…（解説は176ページ）。

その3) 右のようにずっとわり算をしていく。

よって

$$\frac{1}{1+x} = 1 - x + x^2 - x^3 + x^4 - x^5 + \cdots$$

そこで $x=1$ とおく

$$\frac{1}{2} = 1 - 1 + 1 - 1 + 1 - 1 + \cdots$$

$$\begin{array}{r} 1-x+x^2-x^3+x^4-x^5+\cdots \\ 1+x \overline{\smash{\big)}\, 1} \\ \underline{1+x} \\ -x \\ \underline{-x-x^2} \\ x^2 \\ \underline{x^2+x^3} \\ -x^3 \\ \underline{-x^3-x^4} \\ x^4 \\ \underline{x^4+x^5} \\ -x^5 \end{array}$$

その4) 2つの同心円がある。

大きい方の円周の一点をとると必ず小さい方の一点が対応。

小さい方の円周の一点をとると必ず大きい方の一点が決まる。よって、大小2つの円の周の長さは等しい。

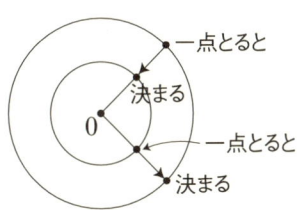

その5) ①のように△ABCの各辺の中点をとると、太線の長さはAB + ACと等しい。そこで、同じようにすると、②の太線の長さはやはりAB + ACと等しい。これをくり返すと、アレレ、AB + AC = BC。

2辺の長さは一辺と等しい。

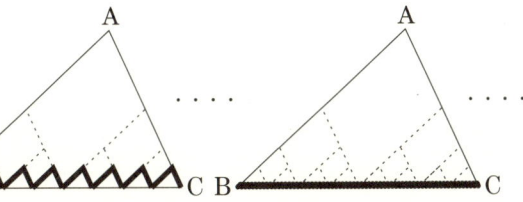

07 ペアノの公理系

　数学は論理的な学問だと言われる。たしかに、三平方の定理にしろ2次方程式の解の公式にしろ、それがなぜ正しいかという理由がきちんと論理的に証明されているから、安心して使うことができる。

　「なぜその定理が正しいのか」を証明するために、どんどん逆のぼっていくと、「そのくらいは前提にしないとならないだろう」という基本的な事柄に突き当たる。

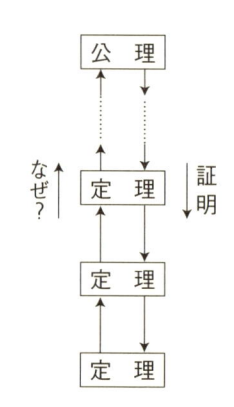

　たとえば、ユークリッド幾何の場合で言うと
「2点を通る直線はただ1つである」とか「1点を通り、その点を含まない直線に平行な直線はただ1つ存在する」といったものがそれにあたる。

　これが公理である。たった1つの公理で済むわけにもいかず、いくつかの公理をセットにせざるを得ない。ある理論の公理のセットを公理系とよんでいる。

　19世紀後半から20世紀にかけては、次のような点の研究も重要視されることになった（数学基礎論）。

ア．公理系の中の公理同士が矛盾していないか（無矛盾性）。

イ．ひょっとして他の公理から証明できるものが公理としてまぎれこんでいないか（独立性）。

ウ．その後の数学の諸定理がすべて証明できるか。つまり足りない公

理はないか（完全性）。

さらに、当時カントール（Georg Cantor 1845～1918）が創出した集合論の影響を受けて、たとえて言えば

　　　数学＝材料の集まり（集合）＋設計図（公理系）
という形での数学の再構築がはじまった（公理主義）。

まさか小学生でも知っている自然数1, 2, 3, ……まで公理化の対象ではないだろう、と思われる方が多いだろうが、どっこいそうはいかない。自然数の公理系として一番有名なのがペアノ（Peano 1858～1932）による次のような公理系である。

特別の記号1と、関数（ ′ ）だけを基本記号とし、次の5つの公理を満たす集合Nの要素を自然数と言う（集合論の記法に慣れていない方は、無視してもよい）。

（公理1）$1 \epsilon N$（ϵは集合の要素を示す記号）

（公理2）$x \epsilon N$ ならば $x′ \epsilon N$

（公理3）$x′ = y′$ ならば $x = y$

（公理4）$x′ = 1$ となる $x \epsilon N$ は存在しない

（公理5）Nの部分集合Sについて

　　　（1）$1 \epsilon S$　（2）$x \epsilon S$ ならば $x′ \epsilon S$ のときは $S = N$

（ ′ ）は「次の数」をイメージした関数であり、また（公理5）は数学的帰納法に他ならない。

これが自然数の出発点だから「すごい」とも思うし、「公理化は大変なことだ」とも思う。

08 拡張と同一視

　数は、自然数から整数、整数から有理数、有理数から実数、実数から複素数と拡張されてきた。それは、ただ単に拡張してきたのではなく、一定のルールを守りながら拡張してきた。そのルールについて考えてみる。

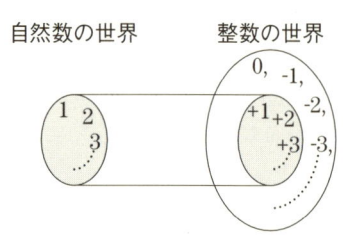

　まず、自然数から整数の拡張について考えてみよう。

　もともと自然数の世界と整数の世界は異なった世界である。整数の世界では、0を除いてすべての数に符号がついている。そこで、正の整数と自然数を対応させて、「同一視」という手続きをふむ。すなわち

　　　$+1 = 1$, $+2 = 2$, $+3 = 3$, ……

　この同一視のおかげではじめて整数の中の一員として自然数が認められる。そのためには、

　　　$(+1) + (+2) = +3 \longleftrightarrow 1 + 2 = 3$

のように、整数の世界における計算と対応する自然数の計算が矛盾しないことも必要なことである。

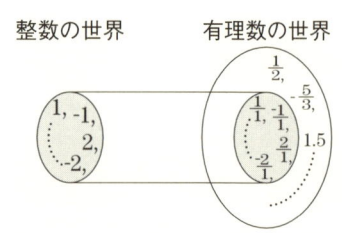

　次に、整数から有理数の拡張について…。

　有理数の世界では、すべての数が $\dfrac{(整数)}{(整数)}$ の形で表される。そこで、分母が1の有理数と整数を対応

させて「同一視」する。すなわち

$$\frac{1}{1}=1,\ \frac{-1}{1}=-1,\ \frac{2}{1}=2,\ \frac{-2}{1}=-2,\ \cdots\cdots$$

この同一視がなされて、はじめて有理数の一員として整数が認められる。またこの対応によって

$$\frac{-2}{1}+\frac{1}{1}=\frac{-1}{1}\ \longleftrightarrow\ -2+1=-1$$

のように有理数における計算と対応する整数の計算が矛盾しないことも、あらかじめちゃんとたしかめられている。

最後に、実数から複素数へ拡張。複素数の世界では、すべての数が $a+bi$ の形で表される。そこで、虚数部分の係数が0の複素数と実数を「同一視」する。すなわち

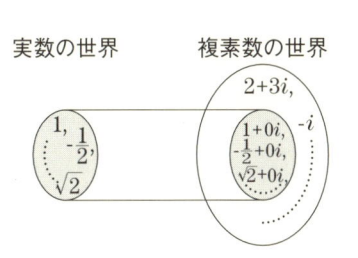

$$1+0i=1,\ -\frac{1}{2}+0i=-\frac{1}{2},\ \sqrt{2}+0i=\sqrt{2},\ \cdots\cdots$$

この同一視がなされて、はじめて複素数の一員として実数が認められる。また、この対応によって

$$(2+0i)+(3+0i)=5+0i\longleftrightarrow 2+3=5$$

のように複素数における計算と対応する整数の計算が矛盾しない。

このように、拡張には「同一視」が伴うことが普通である。そのため同一視によって、計算も自然な形で拡張されなければならない——それまでの形式がなるべく保存されるように、拡張しなければならない。これを「形式保存の法則」とか「形式不易の原則」とか言うこともある。

09 実数の連続性

　自然数 1, 2, 3, … から計算で、0 をつくることができる。たとえば 3 − 3 = 0。負の数もつくることができる。たとえば、2 − 5 = − 3。

　整数…, − 3, − 2, − 1, 0, 1, 2, 3, … から、わり算で有理数をつくることもできる。たとえば　$2 \div 3 = \dfrac{2}{3}$。

　ところが、無理数は、有理数をたしても、ひいても、かけても、わってもできない。"有理数の湖"はそこで閉じている世界だからだ。だから、無理数が発見されたとき、「どうしよう、どうしよう」と悩んだにちがいない。

　そこで、直線に実数を対応させて数直線をつくり、「無理数の $\sqrt{2}$ はここダ！」と表すようになった。

　でも、数直線は、点で数を表している。「大きさもない点でできている線が、連続??」と変な気持ちになってくる。

　　　　　　　　　−2　　−1　　　0　　　1 $\sqrt{2}$ 2

　そこで、有理数と実数の違いを見てみよう。

　まず、有理数はいくらでもあるという確認をしよう。有理数 a, b があると、$\dfrac{a+b}{2}$ は有理数で、a と b の真ん中にある。ということは、これをくり返すと、どんなに近いふたつの有理数の間にも"無限個"の有理数がある。

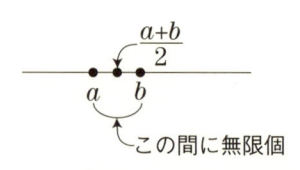

$\dfrac{a+b}{2}$

a　b

この間に無限個

さて、お立ち合い！

有理数の帯にむかって刀を振りおろすと、ときにスカッと刀が帯を通り抜けてしまう。たまに、カチンとひとつの有理数に当たる幸運もある。なぜなのかは、有理数を大・小2つの組に分けたとき

(1) 　小の数　　大の数
　　―――――●―――――
　小の組に最大値（有理数）があって、大の組に最小値はなし。

(2) 　小の数　　大の数
　　―――――●―――――
小の組に最大値がなくて、大の組に最小値（有理数）がある。

(3) 　小の組　　大の組
　　――――― ―――――

　小の組にも大の組にも、最大値、最小値がない。

の3通りが考えられる。たとえば「小の組は$\sqrt{2}$より小、大の組は$\sqrt{2}$より大」として有理数を分けると、(3) の場合になる。だから、有理数の帯で"スカッ"と刀が通り抜けたときは、無理数のところだった、というわけである。ところが、実数の帯に向かって刀を振り下ろすと、必ずひとつの数にカチンと当たる。これが「実数の連続性」で、〈2・13〉で述べた「方程式の数値解法」の根底にある。

なおドイツの数学者デデキント（1831～1916）は、このような有理数の"切断"を実数とよび、実数の連続性を証明した。

10 演算の連続性

　加減乗除のことを、四則計算とよぶ人と四則演算とよぶ人がいる。「計算」と「演算」は同義語だと思ってもよいが、計算の方はどちらかというと答えを出す技術に主眼がおかれ、演算の方は＋、−、×、÷とは何かという基礎的な部分の解釈の方に重点がおかれているのかもしれない。

　だから＋、−、×、÷という記号はふつう演算記号とよぶが、計算記号とはあまり言わない。

　加減乗除は考えてみると

$$(\ )+(\ ),\ (\ )-(\ ),\ (\ )\times(\ ),\ (\ )\div(\ )$$

というように、2つの数を入れてはじめて意味をもつ。

　右図のような箱をイメージしていただいてもよい。そこでこれらを二項演算とよぶ。

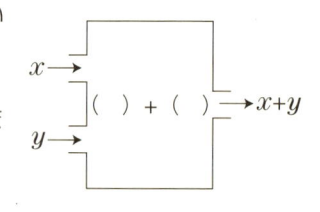

　四則演算以外として$\sqrt{(\ )}$や$(\ )^2$、また負の符号 $-(\ )$ なども考えてよい。

　これらは1つの数を入れればよいので、単項演算である。

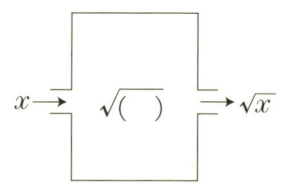

　さて、$x+y$という加法で、xとyの値が今それぞれ2, 3だったとすると

$$x+y=2+3=5$$

であるが、xとyの値をほんの少し動かして$x=2.01$, $y=3.01$としてみると

$$x+y=2.01+3.01=5.02$$

となり、答えの方もほんの少しだけ動く。

　この性質を演算の連続性と言う。

　言い方を変えると、「x、y がほんのちょっと動いただけなのに $x+y$ が大幅に動く、ということはないから心配をしないでくれ」ということ。

　＋だけでなく、－、×、÷も同じことが言えるし、$\sqrt{}$ や（　）^{2} の場合も演算の連続性が保証される。

　さらに、ふだん扱われる数式は、これらの演算がいくつも複合して使われ、たとえば

$$x^2 - 3xy + y^2$$

のような形で出てくるが、基本となる演算の連続性のおかげで、やはり、x や y の値がほんのちょっと動いたとき、全体の値もほんのちょっとだけ動く、という連続性が保証される。

　ただし、÷について例外がある。

　$x \div y$ の y が 0 のとき、〈1・11〉「$\dfrac{0}{0}$ は 1 じゃないの？」でも扱ったが、$x \div y$ の値は存在しない。÷という演算の前提として $y \neq 0$ をつけ加えなければならない。しかも、たとえば

　　　$2 \div 0.01 = 200$

　　　$2 \div (-0.001) = -2000$

のように、y が 0 の近辺では答えの値がとびはねるし

　　　$2 \div 0.001 = 2000$

　　　$2 \div 0.0001 = 20000$

と、y の値はちょっと変化しただけなのに、答えは結構変化するから、「0 を除けば連続」とは言うものの、数値計算の誤差を考えるときなどは、0 の近くでは気をつけた方がいい。

11 無限を数える

　ものの個数を数えるという行為の基礎には1：1対応がある。図のように、リンゴとお友達が1：1対応できていれば同じ個数であり、1：1対応ができないで余ったもののある方の個数が大きい。1：1対応を調べるだけで個数の大小の比較ができる。

　ものの個数を数えるには、数える相手と自然数の系列1, 2, 3, …とを1：1対応をつければよい。有限のものの個数を数えるのは、時間さえあればできる。ところが、無限のものの個数を数えるには、いくら時間をかけても終わりっこない。だから「数える」という行動ではなく、「1：1対応」という関数関係を考えるのだ。たとえば「自然数の全体」Sと「奇数の全体」Kとは$f(n)=2n-1$という関数によって「1：1で、もれのない対応」を実現することができる。

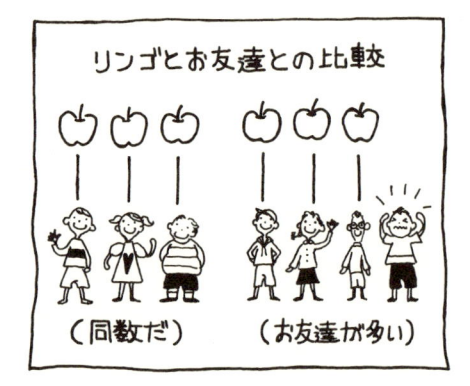

　　自然数 S　　1, 2, 3, 4, ……, n, ……
　　奇　数 K　　1, 3, 5, 7, ……, $2n-1$, ……

　このとき「SとKは基数（濃度）が等しい」と言う。

　こうして、「自然数の系列1, 2, 3, ……と1：1対応ができるもの」の基数は同じとして、これを可算基数（可算濃度）とよび、$\aleph_0$（アレフ・ゼロ）の記号で表す。すなわちSの基数もKの基数も$\aleph_0$である。

ヘブライ文字 ℵ までもち出し、これを命名したのは「集合論」の創始者カントール（Georg Cantor 1845～1918）である。

　ところで奇数は自然数の一部なので、全体と部分の基数が同じになってしまう。これは、「全体は部分より大きい」というよく知られた公理に反する。これらは無限につきまとう特有のパラドックスである。

　次に、整数 …, $-2, -1, 0, 1, 2, 3,$ …… の基数を考えよう。

整　数　$0, \ 1, \ -1, \ 2, \ -2, \ 3, \ -3,$ ……, $n, \ -n,$ ……
　　　　↕　↕　　↕　　↕　　↕　　↕　　↕　　　　↕　　↕
自然数　$1, \ 2, \ \ \ 3, \ \ 4, \ \ \ 5, \ \ 6, \ \ \ 7,$ ……, $2n, \ 2n+1,$ ……

　このように自然数と完全に1：1対応がつくれるので、整数全体の基数も自然数全体の基数とおなじく $ℵ_0$ である。

　同様にして有理数全体の基数も $ℵ_0$ であることが示せる。

　では、無限の基数は $ℵ_0$ だけだろうか。

　実は、線分や直線上の点の基数は、$ℵ_0$ より大きい基数であることが、知られている。

　「直線上の点と1：1に対応するもの」の基数を、連続体基数（連続体濃度）とよび、連続体 continuum の頭文字をとって $\mathfrak{c}$ で表す。数直線上の点と実数は1：1対応で表す。数直線上の点と実数は1：1に対応するので、実数の基数は $\mathfrak{c}$ である。

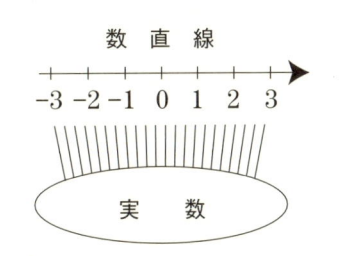

12 対角線論法

　無限にある自然数の基数と、偶数の基数が同じと言われても、感情が反発する。なのに、有理数も同じ基数だと言われるとなおさら「なんで～？」となる。

　順番に並べることができたら、順に番号 1, 2, 3, ……をつけていけるので、自然数と同じ基数ということになる。

　そこで有理数は $\frac{n}{m}$ という m が正の既約分数で書けるので、次のように $|n|+m$ が小さい順に並べることができる。$|n|+m$ が同じときは、分子が小さいものから並べる（同じ値はとばす）。

$$0, \frac{-1}{1}, \frac{1}{1}, \frac{-2}{1}, \frac{-1}{2}, \frac{1}{2}, \frac{2}{1}, \frac{-3}{1}, \frac{-1}{3}, \frac{1}{3}, \frac{3}{1}, \frac{-4}{1}, \frac{-1}{4}, \frac{1}{4}, \frac{2}{3}, \frac{4}{1}, \cdots$$

　並んだ並んだ。これで、番号がつけられる。よって、基数は自然数と同じになる。

　さて、対角線論法に入る前に、もうひとつ。

　「0から1までの実数の基数と0から2までの実数の基数は同じ」ことを見ておこう。

　右の図から、

　0から1までのひとつの数に、0から2までのひとつの数が対応。逆に、0から2までのいっこの数に0から1までのいっこの数が対応する。

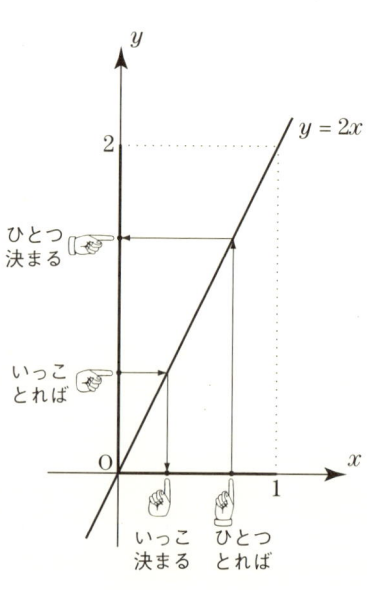

よって、1：1に対応できたので、基数は同じ。

同じように工夫すると、実数全体の基数と、0から1までの実数の基数は同じだということも示すことができる。

◉対角線論法とは

やっと主題に。

　　実数の個数は、自然数の個数より多い

ということをたしかめよう。すなわち

　　実数の基数は、自然数の基数と同じではない

ということ。

ここで、0から1までの無限小数で表した実数に、番号がつけられたと仮定する。

それを並べたのが右。

そこで、対角線上のa_{11}, a_{22}, ……をとって、無限小数

$a = 0. a_{11} a_{22} a_{33} a_{44} \cdots a_{nn} \cdots$

をつくる。そして、各a_{nn}を自分と同じでもなく、0と9でもないb_nに変えて

$b = 0. b_1 b_2 b_3 b_4 \cdots b_n \cdots$

$a_1 = 0. \ \boxed{a_{11}} \ a_{12} \ a_{13} \ a_{14} \ a_{15} \cdots$
$a_2 = 0. \ a_{21} \ \boxed{a_{22}} \ a_{23} \ a_{24} \ a_{25} \cdots$
$a_3 = 0. \ a_{31} \ a_{32} \ \boxed{a_{33}} \ a_{34} \ a_{35} \cdots$
$a_4 = 0. \ a_{41} \ a_{42} \ a_{43} \ \boxed{a_{44}} \ a_{45} \cdots$
$\cdots\cdots\cdots\cdots\cdots\cdots\cdots\cdots\cdots\cdots$
$a_n = 0. \ a_{n1} \ a_{n2} \ a_{n3} \ a_{n4} \ a_{n5} \cdots \boxed{a_{nn}}$
$\cdots\cdots\cdots\cdots\cdots\cdots\cdots\cdots\cdots\cdots$

をつくる。こうすると、数bは、どのa_nとも、$b_n \neq a_{nn}$となっている。ということは、0から1までの実数を全部並べたはずなのに、他にも実数があったということになる。そこで、番号をつけたのがまずかった、番号はつけられないんだということで、可算集合でない。

なんか無限の話は、ケムにまくようなのが多くて……。

13　4元数

複素数 $a+bi$（a, bは実数）は、

$$a \times 1 + b \times i$$

と見れば、2つの単位1、iで構成された2次元のベクトルであるとみなすことができる。そして右のような乗法の約束をすることによって

×	1	i
1	1	i
i	i	-1

① 一般の多項式と同じように考えて四則計算ができる。

さらに、複素平面の項で見たように、かけ算は回転を表し、そのとき、$(a+bi)(c+di) = p+qi$ とすると、原点からの距離に関して $\sqrt{a^2+b^2}\sqrt{c^2+d^2} = \sqrt{p^2+q^2}$ が成り立つ。つまり、

② $(a^2+b^2)(c^2+d^2) = p^2+q^2$ である。

実際に $p = ac-ad$、$q = ad+bc$ だから、左辺と右辺を計算してたしかめることもできる。

さて、$a+bi$ が体（4・1参照）として、いわば一人立ちしたのだから、素直に拡張して

$$a+bi+cj$$

という、3つの単位1、i、jで構成される3次元のベクトルを作りたくなるのは自然の成り行きであろう。

×	1	i	j
1	1	i	j
i	i	-1	
j	j		-1

では、単位についての乗法をどう決めればよいか。

実は右の表の空所をいろいろ工夫してみても、②に相当する。

$$(a^2+b^2+c^2)(d^2+e^2+f^2) = p^2+q^2+r^2$$

第4章 数と計算の体系

が出てこない。

アイルランド生まれのハミルトン（William Rowan Hamilton 1805〜1865）は、3才で英語、5才でラテン語、ギリシャ語、ヘブライ語、…13才までで生まれて毎年1つずつの外国語を身につけたという天才で、光学、数理天文学そして数学の学者であるが、彼もこの問題で頭を悩ませた。

そして、もう一つ単位を増やした

$$a + bi + cj + dk$$

ならば、乗法を右表のように決めることによって成功することを発見した。　（左）

（右）

×	1	i	j	k
1	1	i	j	k
i	i	-1	k	$-j$
j	j	$-k$	-1	i
k	k	j	$-i$	-1

ここで（左）（右）に注意していただきたい。

$$ij = k、jk = i、ki = j$$

であるが、

$$ji = -k、kj = -i、ik = -j$$

と定義するのである。

これで①②がクリアーされる。

乗法の交換法則 $xy = yx$ が成り立たない、いわゆる非可換体の歴史上初めての例とされるばかりでなく、さらに8元数、16元数への発展、多次元空間での回転への応用などの道を開いた。

ベル『数学をつくった人びと』（東京図書）によれば、天才ハミルトンは結婚と酒で不運をかこって世捨て人のような晩年をおくったが、生涯の終わりが近づいたときは謙虚かつ誠実であり、4元数の発見をはじめとする学問上の名声を渇望する気持ちもなかったという。

14 p進数

　数を10進法で計算するには、普通のそろばんでよいが、もし3進法でやろうと思ったら写真のような2つ玉のそろばんを使えばよい。

　たとえば、$100 = 1 \cdot 3^4 + 0 \cdot 3^3 + 2 \cdot 3^2 + 0 \cdot 3 + 1$と表されるので、2つ玉そろばんでは、次のように玉をおけばよい。

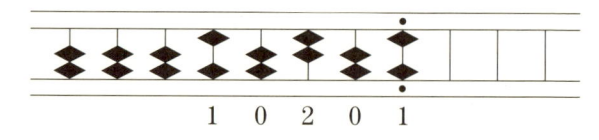

　任意の自然数aは、3進法の式で次のように表せる。

$$a = a_n \cdot 3^n + a_{n-1} \cdot 3^{n-1} + \cdots\cdots + a_1 \cdot 3 + a_0$$

　ただし、係数は $0 \leq a_i < 3$,（$i = 0, 1, 2, \cdots, n$）の整数とする。これが10進法の拡張である3進法の世界で、2つ玉そろばんでは、各位に数$a_n, a_{n-1}, \cdots, a_1, a_0$をおけばよい。

　では、整数-1を2つ玉そろばんで表すことができないだろうか。実は、次のように表せる。ただし左側はどこまでも続いているとする。

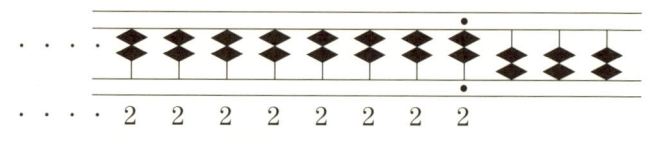

　これが-1を表すことを納得するには、1を加えてみればよい。次々とくり上がって0の状態になる！　よって、この数-1を昇べきの順で書くと次のようになる。

$$-1 = 2 + 2 \cdot 3 + 2 \cdot 3^2 + 2 \cdot 3^3 + 2 \cdot 3^4 + \cdots\cdots$$

　異様な式だが、もう少しつきあってほしい。

同様に有理数 $\frac{1}{2}$ は、2つ玉そろばんで次のように表せる。

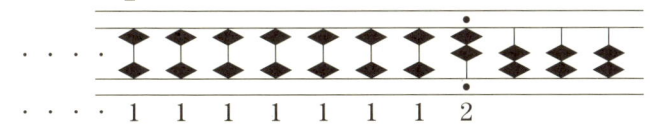

$$\cdots\cdot 1\ 1\ 1\ 1\ 1\ 1\ 1\ 2$$

これが $\frac{1}{2}$ を表すことを納得するには、2をかけてみればよい。次々とくり上がって1の状態になる。この数を式で書くと

$$\frac{1}{2} = 2 + 1\cdot 3 + 1\cdot 3^2 + 1\cdot 3^3 + 1\cdot 3^4 + \cdots\cdots$$

有理数 $\frac{1}{6}$ は2つ玉そろばんで次のように表せる

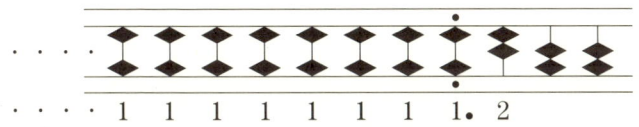

$$\cdots\cdot 1\ 1\ 1\ 1\ 1\ 1\ 1\ 1.2$$

これが $\frac{1}{6}$ を表すことは、3をかけると小数点が1つ移動し $\frac{1}{2}$ の状態になることからわかる。この数を式で書くと

$$\frac{1}{6} = 2\cdot 3^{-1} + 1 + 1\cdot 3 + 1\cdot 3^2 + 1\cdot 3^3 + \cdots\cdots$$

このようにして、任意の有理数 a は、次のように表せる。

$$a = a_k 3^k + a_{k+1} 3^{k+1} + a_{k+2} 3^{k+2} + \cdots\cdots \quad (\text{以下無限につづく})$$

ただし k はある整数で、係数 a_j（j は k 以上の整数）は $0 \leq a_j < 3$ をみたす。これはもはやふつうの「3進法の世界」ではなく「3進数体」とよばれる異様な世界である。3を任意の素数 p に置きかえて p 進数を導入することができ、数学の深いところ（ここではとても説明できない）で応用されている。

[補足]

n 進数（numbers in base n）と p 進数（p − adic numbers）とは、言葉はよく似ているが、意味はまったく違う──n 進数は、2以上の任意の自然数 n に対して定義でき、任意の実数を表せる。一方 p 進数は、素数 p に対してだけ定義でき、実数とは代数的に異なる構造を持っている。

ちょっとひと言

　　ロッシーニは、ひとつの序曲を4つの歌劇で使った。ベートーヴェンは、ひとつの歌劇に4つの序曲を書いた。ところでガウスは、ひとつの定理に7通りの証明を書いた。

　　ガウスは有名な「完全主義者」で、ひじょうに厳密な分析を行ったことで知られている。だから業績は少ない**かというとそれが逆**で、整数論でも解析学でもたくさんのすばらしい定理を残した。その理由は、彼の天才ももちろんあるが、

　　「厳密に分析する」ことによって、直観だけではぼんやりとしか見えなかった深い世界をとらえ、体系化の第一歩を踏み出すことができた

　こと、さらに

　　体系化のおかげで、問題と方法が明確になった

からだ、と私は思う。ギリシャ以来、「数学的な厳密性」は進歩の足かせにはならず、むしろ発展の原動力になっている。

　　さいごに一言、「鏡の国」のアリスの言葉を借りて：
　　　　「こんなに遠くまでついてきて下さって、
　　　　ほんとうにありがとうございました。」

[159ページへの補足]（その3）等式は$|x|<1$のときしか成り立たないので、$x=1$とおいたのがまちがい。（その4）点どうしに1対1の対応がつけられても、長さが等しいとは言えない。（その5）折れ線の「見かけがBCに近づく」から「長さもついには一致する」と考えたのが誤り — 長さは全然近づいていない！

著者紹介

野崎　昭弘（のざきあきひろ）
1936年　生まれ
1959年　東京大学理学部数学科卒業
東京大学、山梨大学、国際基督教大学を経て、現在は大妻女子大学教授・社会情報学部長。数学教育協議会委員長
　数学に魅せられ、数学に一生を捧げつつあるというのは言い過ぎだが、そのセンスは万人を魅了してやまない。今回も、数と計算に対する思いの丈を数時間3人に伝授し、それをもとに項目を作った。しかし、内容は3人が勝手に書いてしまった。
著書：「πの話」(岩波書店)「詭弁論理学」(中公新書)「数学的センス」(日本評論社)「さかさまさかさ」(福音館書店)高等学校教科書(三省堂)共著、「微分・積分の意味がわかる」(ベレ出版)共著、ほか多数

何森　仁（いずもりひとし）
1945年　生まれ
1970年　横浜市立大学文理学部数学科卒業
会社員、高校講師、私立高校教諭、塾講師を経て、現在は大学講師、盈進学園理事長。数学教育協議会会員
　数学を嫌い、社会に出るが、数学教育に人生の活路を開こうとアタフタする。そのセンスは"豪にして軟"で、修羅場の中でも楽しさと遊びを追求しようとする。今回の、数と計算も巧みな絵と図により面白くまとめる。
著書：「サイコロで人生は語れるか」(こう書房)「ステレオグラムをつくろう」(日本評論社)「数学がまるごと8時間でわかる」(明日香出版社)共著、「微分・積分の意味がわかる」(ベレ出版)共著、その他

伊藤　潤一（いとうじゅんいち）
1947年　生まれ
1970年　岩手大学教育学部数学科卒業
岩手県立の高校教諭として年輪を重ね、現在は県立平舘高等学校教諭。数学教育協議会会員
　数学を好み、教師になり、"東北のザビエル"と言われながら数学の伝道に心血を注いでいる。そのセンスは"硬にして潤"で、無限小を好むという偏りがある。今回、数と計算の無限世界で羽を伸ばした。
著書：高等学校教科書(三省堂)共著、「微分・積分の意味がわかる」(ベレ出版)共著

小澤　健一（おざわけんいち）
1942年　生まれ
1964年　東京教育大学理学部数学科卒業
いくつかの都立高校教諭を36年間勤め、現在は私立の東野高等学校校長。数学教育協議会副委員長
　数学を愛し、世の中の数学に対する偏見や既成の数学教育に対し、闘い続けてきた。そのセンスは、"剛にして柔"で、どこまでも優しく、時として厳しい。今回の数と計算も、ゆったりと料理。
著書：「数のこ・だ・ま」「幾何のた・び・じ」(三省堂)「雨つぶでニュートンは語れるか」(こう書房)「数学がまるごと8時間でわかる」(明日香出版社)共著、「微分・積分の意味がわかる」(ベレ出版)共著、その他

数と計算の意味がわかる

2001年2月25日	初版発行
2001年3月21日	第2刷発行

著者	野崎 昭弘・何森 仁 伊藤 潤一・小沢 健一
カバーデザイン	寺井 恵司
DTP	WAVE 清水康広・中丸佳子
本文イラスト	ツダ タバサ

©Akihiro Nozaki / Hitoshi Izumori / Jun'ichi Ito / Ken'ichi Ozawa
2001. Printed in Japan

発行者	内田 眞吾
発行・発売	ベレ出版 〒162-0832 東京都新宿区岩戸町12 レベッカビル TEL.03-5225-4790 FAX.03-5225-4795 振替 00180-7-104058
印刷	三松堂印刷株式会社
製本	根本製本株式会社

落丁本・乱丁本は小社編集部あてにお送りください。送料小社負担にてお取り替えします。

ISBN 4-939076-61-X C3041　　　　編集担当　新谷友佳子

数学の風景が見えるシリーズ

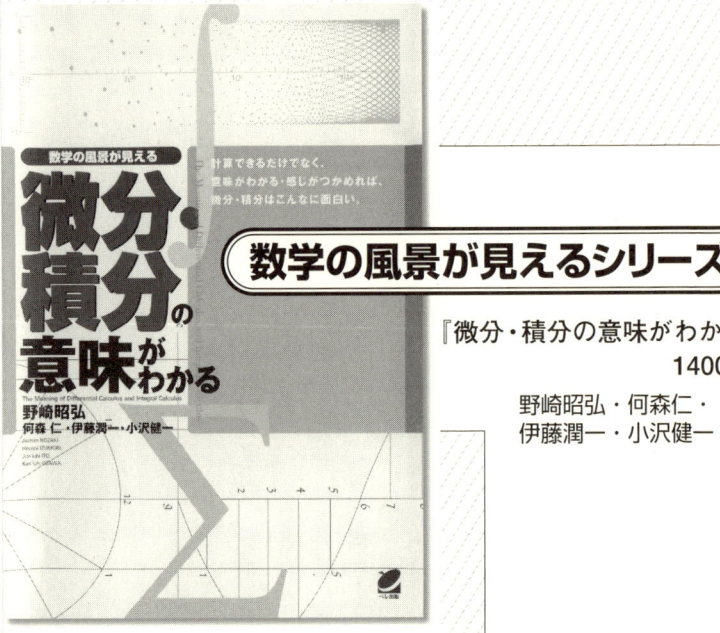

『微分・積分の意味がわかる』
1400円

野崎昭弘・何森仁・
伊藤潤一・小沢健一 著

**微分・積分が
わかるということは、
速さとは何かを
理解すること**

微分・積分の計算は学生時代にやったけれど、その答えが何を表していたのか、その計算の意味するところは、イマイチわからない…という方は多いはず。本書では、「計算できるようになること」はもちろんですが、「意味がわかる・感じがつかめること」に焦点をあてました。微分・積分の本当の意味が理解できれば、数学の面白さを実感していただけること請け合いです。数学を、もう一度別の角度からやり直してみたい人も、学校の数学は苦手だったけれど実は興味があるという人も、本書なら、愉しみながら、微分・積分の世界を体感し、理解していただけることでしょう。